DNAの98%は謎

生命の鍵を握る「非コードDNA」とは何か

小林武彦　著

ブルーバックス

装幀／芦澤泰偉・児崎雅淑
目次、本文デザイン／齋藤ひさの（STUDIO BEAT）
本文図版／さくら工芸社

はじめに

あなたの体で無駄な部分はありますか?

私の場合はお腹についた脂肪くらいで、他の部分はないと困るところばかりです。髪の毛はだいぶ薄くなってきましたが、別にいらないわけではありません。「日除け」としても働いているし、全部なくなると冬はおそらく寒いです。

ご存知のように生物は、かつては燃える岩の塊だった原始の地球から自然に発生しました。誕生当初は単純な1つの細胞でしたが、その後長い時間をかけて進化し、私たち人類も含めた多くの「種」が誕生しました。

進化の法則によると、「個体」のレベルでは環境に適応できたものは生き残り、そうでないものは絶滅していきます。これを「個体」を形作る「器官」のレベルで見ていくと、進化に合わせて必要なものは「発達」し、不要なものは「退化」していくということになります。この法則からすれば、体の中には不要なものなどあるはずがないということになります。不要なものは、とっくのむかしに退化してなくなっているはずですからね。

ところが、私たちの体の中には、なんとその98％が「不要」と思われていたものがあるのはご存知でしょうか。98％もいらないのならば、いっそ100％、つまりまったくなくてもよさそうなものですが、それは絶対無理なのです。なぜならその残りの2％は、生命の設計図であり、間違いなく地球上で最も重要な情報、「遺伝子」だからです。この遺伝子の情報を記録するゲノム（全遺伝情報）の98％もの領域が、実際には遺伝子の情報を含まない「不要」なものだと考えられていました。

1953年に、ワトソンとクリックがDNA（デオキシリボ核酸）という物質によって形作られる二重らせん構造を発見して以来、遺伝子に対する興味と理解が飛躍的に高まりました。

それまで漠然と捉えていた親から子へ伝わる「何か」が、「物」つまりゲノムDNAだと明らかになったわけです。それから60年余が経ち、遺伝子に対する研究は、革命的な速さで進みました。今では、遺伝子検査なるものが登場して、いくつかの体質や将来の病気のリスクなどを「教えて」くれるまでになりました（中には科学的根拠のうすいものもけっこうありますが）。このまま進めば、ヒトをはじめとする生物の理解がどんどん進み、病気の予防や遺伝子治療などが、次々に発展すると思われます。

ところが、新たな謎も登場しました。じつはゲノムの98%は「遺伝子」の情報を持たない領域だったのです。いわば「意味のない無駄な情報」といえます。ゲノムは遺伝子の情報を記録する生命の設計図だと考えられていたので、遺伝子の情報がない領域は「無駄」というわけです。かつて、生物学者はこの領域のことを、「ジャンク（ゴミ）」と呼んだりしました。

しかし、これは本当にゴミなのでしょうか？　生物はこんな無駄を許すのでしょうか？じつはこのジャンク領域、正式には「非コードＤＮＡ領域」と呼ばれますが、これこそが生命を誕生させ、ヒトをヒトたらしめ、進化の原動力として働いた重要な装置であることが分かってきました。本書ではこの謎に満ちた暗黒領域「非コードＤＮＡ」に光をあて、最新の情報をもとにその役割について解説します。

はじめに　3

第1章
非コードDNAの発見、そしてゴミ箱へ　11

1・1 地球上で最も重要な情報「遺伝子」の発見　12
1・2 遺伝子の乗り物「染色体」とは何か　17
1・3 遺伝物質の正体　19
1・4 二重らせん構造の発見　23

1・5 遺伝子がどのように体を作るのか 27
1・6 ゲノムとは何か――酵母菌から分かったこと 32
1・7 クリントン大統領とヒトゲノム計画 35
1・8 非コードDNAの発見 39
1・9 ゴミ箱に入れられた非コードDNA 46

第2章 ゴミからの復権 55

2・1 ゲノムを支える非コードDNA領域 56
2・2 DNAの状態を決めるクロマチン構造 59
2・3 非コードDNAを「眠らせる」仕組み 64

2·4 オスの三毛猫がほとんど存在しない理由 68
2·5 遺伝子の発現に関わる非コードDNA 76
2·6 DNA複製に関わる非コードDNA 81
2·7 染色体の分配に関わる非コードDNA 92
2·8 ゲノムの再編成に関わる非コードDNA 100

第3章 非コードDNAと進化

109
3·1 サルとヒトの違いを作る非コードDNA 110
3·2 進化を加速する働きと抑える働き 117

3·3 脳はいかにして進化したのか——イントロンの謎 125
3·4 個性を作るSNP（スニップ） 128
3·5 遺伝子増幅と進化 133
3·6 増幅遺伝子によって進化した例——ヒトの色覚とヨザルの目 140
3·7 非コードDNA領域の王様、リボソームRNA遺伝子 146

第4章 非コードDNAの未来

155
4·1 小さな遺伝子の謎 156
4·2 偽遺伝子が支える遺伝子発現制御 160

4·3 非コードDNAがダメージからゲノムを守る 164
4·4 非コードDNAが生き物の寿命を決める 171
4·5 がんの発症を抑える非コードDNA 176
4·6 ゲノム編集技術がもたらす新しいゲノム観 180
4·7 非コードDNAのかたまり——Y染色体の運命 184
4·8 増え続ける非コードDNAは人類をどう変えるのか 187

おわりに 195
参考図書 198
索引／巻末

第1章

非コードDNAの発見、そしてゴミ箱へ

1·1 地球上で最も重要な情報「遺伝子」の発見

さて、本書を読み進むにあたって必要な知識をこの章でおさらいしつつ、非コードDNA領域の発見に至る歴史を紐解いていくことにいたしましょう。非コードDNA領域は未知なる世界なので、そこを私と一緒に探検するための準備とお考えください。

私は現在、東京大学の定量生命科学研究所に勤めていますが、ここに移る前には静岡県三島市にある国立遺伝学研究所に勤めていました。余談ですが、三島は三島由紀夫の「三島」の由来となった、街のあちらこちらから富士山の伏流水（湧き水）が溢れ出す、風光明媚なところです。この国立遺伝学研究所の「遺伝学」とは、言うまでもなく遺伝を学ぶ学問を意味するわけですが、では「遺伝」とはいったい何なのでしょうか？

「遺伝」とは親から子へ形質（姿、形、性質）が伝わることです。カエルの子はカエル。これは、遺伝です。ふだん日常生活で私たちが「遺伝」という言葉を使うときは、「親の遺伝で太りやすい」とか、「父親に似ておでこが広い」といった、だいたいどちらかと言うとマイナスの意味で使うことが多いのかもしれません。

遺伝学とは、親から子への形質の伝わり方を研究する学問です。遺伝学を大きく進め、遺伝学の父と呼ばれるのが、オーストリアのグレゴール・ヨハン・メンデルです。メンデルは、１８６５年にエンドウの交配（掛け合わせ）実験により、遺伝には次のような３つの重要な法則があることに気がつきました。

顕性（優性）の法則　常に丸いタネをつけるエンドウ（丸系統）と、常に表面がシワになるタネをつけるエンドウ（シワ系統）を交配すると、次の世代（雑種第１代、F1）はすべて丸いタネをつけるエンドウができます。このF1で現れる形質を顕性（優性）形質といいます（図１・１）。

ここで早くも脱線しますが、優性は「優れている」という意味ではなく、外（表面）に「現れる」という意味で使います。優劣とはまったく関係ありません。誤解を避けるため、私の所属する日本遺伝学会では優性の代わりに「顕性《けんせい》」を使うことを提案しています。反対に、顕性と一緒になったときに、外（表面）に「現れない」形質を決める遺伝子（アレル、対立遺伝子）は、顕性の陰に潜んでいるという意味で「潜性《せんせい》」と呼びます。これまでの教科

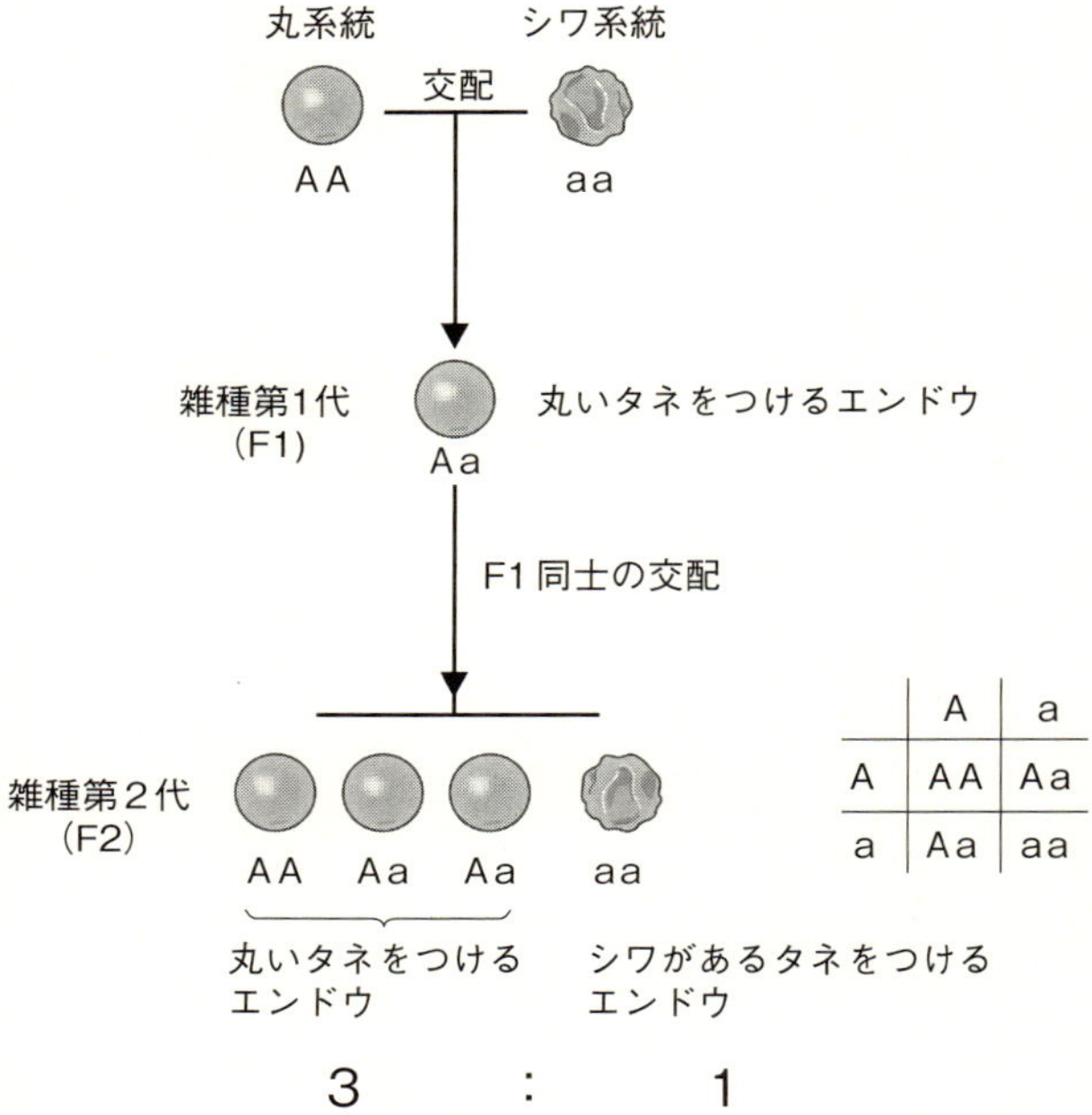

	A	a
A	AA	Aa
a	Aa	aa

図 1.1　メンデルの遺伝の法則

エンドウ豆は、丸系統の遺伝子が顕性で、シワ系統の遺伝子が潜性。丸系統とシワ系統を交配した雑種第１代（F1）はすべて丸いエンドウ豆になるが、雑種第１代同士を交配した雑種第２代（F2）では、丸いエンドウ豆とシワのエンドウ豆の割合が３：１となる。

書では「劣性」と書いてありますが、劣っているわけではないので、理解しやすいように用語の変更を呼びかけています。

分離の法則　この例で現れた雑種第1代（F1）同士が交配して出てきた次世代（雑種第2代、F2）は、丸いタネをつけるエンドウとシワのあるタネをつけるエンドウが3対1の比率で現れます。このことは、雑種第1代の配偶子で顕性（優性）形質を作る遺伝物質Aと、潜性（劣性）形質を作る遺伝物質aが、それぞれ別の配偶子に分離することを考えるとうまく説明できます。これについては、あとでもう少し詳しく解説します。

独立の法則　エンドウの別の形質、花の色や植物体の背丈は、タネの形とは無関係に次世代に伝わります。つまり丸いタネをつけるエンドウは必ず花の色が紫になるとか、そのような関係はなく、それぞれ「独立」に遺伝します。

メンデルがエンドウでこの3つの法則を見つける以前は、親から子へと形質を伝える「遺伝物質」は、なんらかの「液体」のようなものだと考えられていました。これは、ひとつには精子のイメージのためだと考えられています。ところが、メンデルの観察では、親で見られた形質が、子（F1）ではいったん見られなくなり、孫（F2）で再び見られるようになることがありました。もし、遺伝物質が「液体」のように混ざり合うようなものだったら、このように世代を飛ばして形質が復活することは起こらないでしょう。

そこでメンデルは、エンドウの7つの形質の次世代への伝わり方の観察から、遺伝物質は「液体」のようなものではなく、混ざり合わない「粒子」のようなものだと考えました。これが今でいうところの遺伝子です。

さらに、その遺伝子は2つずつ対になっていると考えました。上の豆の形では、丸の顕性（優性）遺伝物質をA、シワの潜性（劣性）遺伝物質をaとすると、丸系統はＡＡ、シワ系統はａａと表せ、F1はＡａ、それが配偶子でAとａに分離し、交配の結果、ＡＡ：Ａａ：ａａが１：２：１となり、ＡＡとＡａは表現型（外に現れる性質）が丸となるので、丸：シワが３：１となるわけです。

このメンデルの法則は、生物学の画期的な発見でした。ところが、メンデルがこの遺伝の法則を見つけてからなんと30年以上の間、多くの人々はその価値を理解できず、いったん忘れ去られてしまったのです。メンデルがこれらの法則を発見した当時は、もちろんＤＮＡも染色体もまだ発見されていません。そんな時代に、メンデルは、生命現象があたかもパズルのように説明できるとしましたが、当時は、誰もがそんなことを信じませんでした。「天動説」が信じられていた時代に、ガリレオ・ガリレイは天体ではなく地球が回っているという「地動説」を唱え、多くの人には理解されませんでしたが、このときと同じような状況だったのです。

1・2　遺伝子の乗り物「染色体」とは何か

１９００年代に入ると、科学の進歩もあり、生物学者らは「メンデルの法則」の重要性に気づき、「再発見」することになります。さらに、メンデルが考えた、親から子へと形質を伝える遺伝物質「遺伝子」という考え方が広まっていきました。そうすると次に、ではこの遺伝子はいったい何でできているのか、と生物学者たちは考えました。

そんな中、１９０２年にアメリカの生物学者ウォルター・サットンは、バッタの生殖細胞で観察された「染色体」を遺伝子だと考えると、メンデルの法則をうまく説明できることに気がつきました。染色体とは、細胞の核の中にある棒状の物質のことで、細胞を色素で染めたときによく染まるため、このように呼ばれるようになりました。

ただし、実際には遺伝する形質の数は膨大ですが、染色体の数は限られています（ヒトでは1つの細胞の核の中に含まれる染色体は23対《つい》46本です）。これは、いったいどのように説明すればよいのでしょうか。そこで登場するのが、アメリカの遺伝学者トーマス・ハント・モーガンです。彼は、果物にたかる小さなハエ「ショウジョウバエ」を使い、1本の染色体の中にはたくさんの遺伝子が含まれていることを発見したのです。

モーガンは、ショウジョウバエをたくさん飼い、繁殖させ、親から子へと形質が遺伝していく様子を調べました。そうすると、つねに複数の異なる形質を同時に持つ個体が生まれることに気づきました。たとえば、「目の色が白い」という形質と「羽が切れている」という形質を併せ持つ個体が生まれるのです。これは、親から子へと、同時に遺伝する複数の遺伝子があることを意味します。この現象を、「連鎖」と呼びます。

このように一緒に行動する遺伝子をまとめると4つのグループになり、それがちょうど相同染色体の数と一緒でした。相同染色体とは、同じ大きさで同じ形の染色体を一組にした呼び方です。このことから、これらのグループの遺伝子は同じ染色体に乗っかっていると考えられるわけです。

相同染色体というのは「同じ染色体」と書きますが、実際には同一ではなく、それぞれ両親から引き継いだものです。たとえばハエの目の色を白くする（白目にする）遺伝子と、羽が切れた形（切れ羽）になる遺伝子は第２染色体に乗っています。それに対して赤目と正常羽の遺伝子ももう一方の第２染色体に乗っています。このように、染色体は遺伝子がたくさん乗っている「乗り合い船」と考えられるようになりました。

1·3 遺伝物質の正体

細胞の核の中に染色体があり、その染色体には、親から子へと形質を伝える遺伝子が乗っている。ここまでようやく分かってきました。ところが、まだ謎は残っています。この遺伝子とはいったい何でできているのでしょうか。

かつては、卵や精子といった生殖細胞の中に、小さくなった生物の体が入っているというイメージで描かれたこともありました。この考え方にしたがうと、遺伝子とは、小さくなった体の一部ということになるでしょう。たとえば、「赤い目」の一部が染色体の上にあり、成長にしたがって、それが膨らみ大きくなっていくというわけです。これは、もちろんそうではありませんね。

一方、体そのものではないにしても、タンパク質を含む何か複雑な構造物が遺伝子として働いているという考え方もありました。なぜなら、体を形作る細胞には、圧倒的に多くのタンパク質が含まれているからです。しかし、実際にはこれも間違いだということがグリフィスとアベリーの実験から分かりました。

グリフィスとアベリーは、遺伝子が何でできているのか調べる実験をそれぞれで行いました（図1・2）。実験に使ったのは、「肺炎双球菌」という細菌とネズミです。この肺炎双球菌には、ネズミに注射すると感染して肺炎を起こさせる病原性を持つ「S型菌」と、病原性を持たない「R型菌」があります。S型菌を注射したネズミは肺炎を起こして死んでしまいますが、R型菌のみ、または熱を加えて死滅させたS型菌だけを注射しても、ネズミは肺炎を起こしません。ところが、グリフィスの実験では、何もしないR型菌と加熱殺菌をしたS型菌を混ぜて注射したところ、ネズミは肺炎を起こして死んでしまったのです。さらに、このネズミの体内からはR型菌だけでなく、病原性を持つS型菌も検出されました。

これは、いったいどういうことでしょうか。注射したS型菌は死んでいたのですから、死んだS型菌から何らかの物質、つまり遺伝物質がR型菌に移り、病原性を持つS型菌の形質

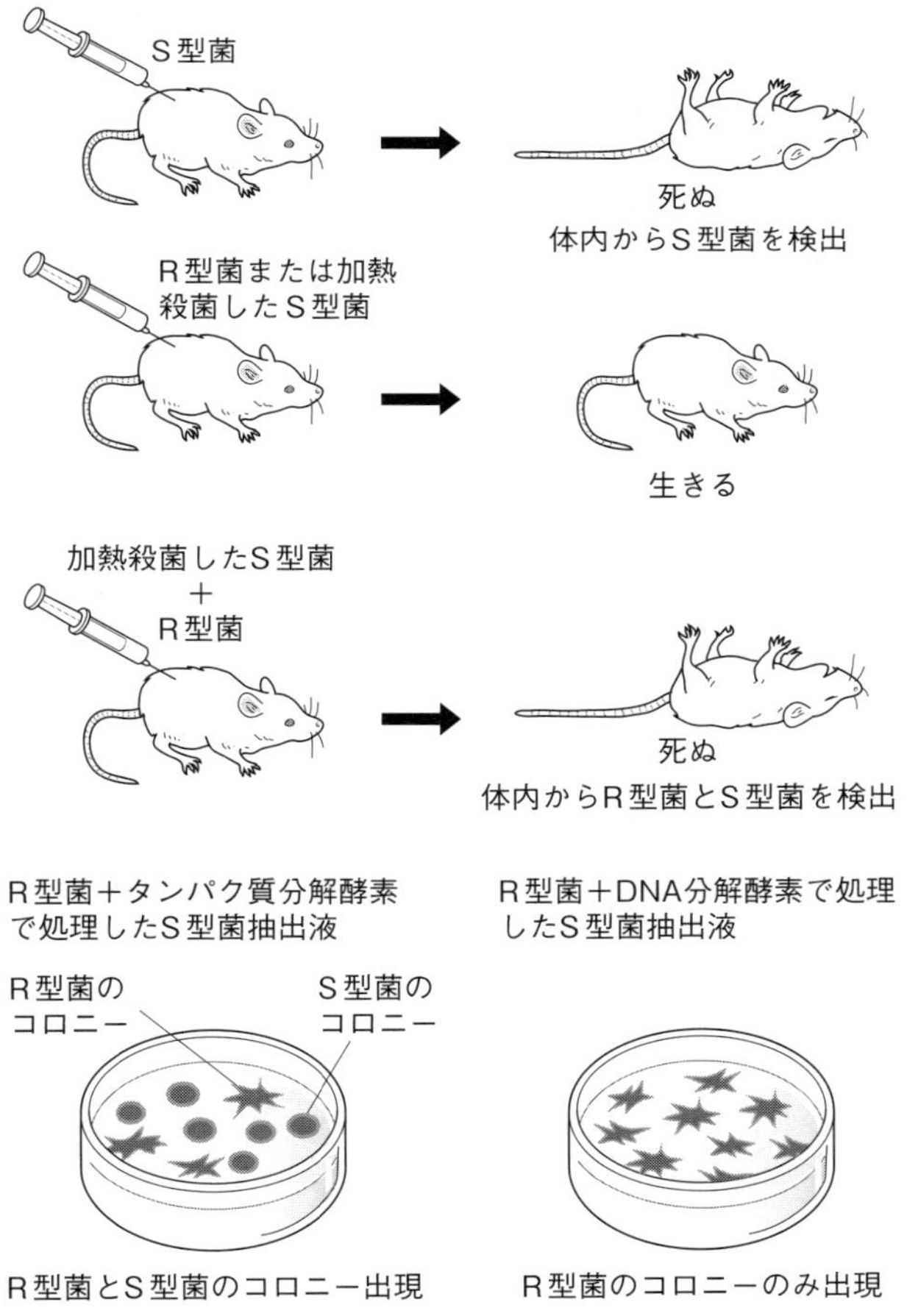

図 1.2　グリフィスとアベリーの実験

に変化（形質転換）させたのだとグリフィスは考えました。ただし、S型菌はあらかじめ加熱したことを思い出してください。熱に弱いタンパク質は加熱すると変性してしまうので、S型菌の残骸からR型菌に移り、R型菌をS型菌に形質転換させたものは、タンパク質以外の何かだということになるでしょう（グリフィスの実験、１９２８年）。

グリフィスの実験からは、S型菌とR型菌の間では遺伝物質のやりとりをするが、その遺伝物質はタンパク質以外の物質である、ということが分かりました。では、この物質とは何でしょうか。

そこで、続いてアベリーは、すりつぶして死滅させたS型菌に、タンパク質を分解する「タンパク質分解酵素」と、DNAを分解する「DNA分解酵素」のそれぞれを加えてから、R型菌と混ぜて培養しました。もし、遺伝物質がDNAならば、DNA分解酵素を加えるとDNAは分解されてしまいますから、一緒に混ぜたR型菌に形質転換を起こさせてS型菌にすることはないだろう、と考えたのです。なお、DNAはデオキシリボ核酸という物質の略称で、当時、タンパク質と同じく遺伝物質の本体の候補として考えられていました。DNAについては、このあとで詳しく説明します。

さて、アベリーの実験に戻りましょう。実験の結果、タンパク質分解酵素を加えたときは、R型菌は形質転換を起こして一部がS型菌に変化しましたが、DNA分解酵素を加えたときは、R型菌のままでした。つまり、R型菌は、S型菌に形質転換しなかったのです。ここからアベリーは、肺炎双球菌のR型菌をS型菌に形質転換させた遺伝物質、つまり遺伝子の本体とはDNAだと結論づけたわけです（アベリーの実験、１９４４年）。

1·4　二重らせん構造の発見

ここまで見てきて、染色体という親から子へと受け渡される「船」の「積み荷」である遺伝子が何でできているのか分かりました。それが、DNA（デオキシリボ核酸）という物質です。DNAは、デオキシリボースという糖とリン酸、塩基から構成され、塩基には、アデニン（A）、グアニン（G）、シトシン（C）、チミン（T）という4種類があります。さて、これがどのようにして遺伝情報を記録しているのでしょうか。

ここで登場するのが、ワトソンとクリックです。皆さんは、この二人の科学者の名前を一度は聞いたことがあるでしょう。１９５３年、二人はDNAが二重らせん構造をしていることを明らかにしました。当時、クリックは若手物理学者、ワトソンは大学院を出たばかりの分子生物学者でした。二人は、物理化学者のロザリンド・フランクリンが撮影したDNA結晶のX線回折写真などから、DNAがどのような構造をしているのか明らかにしたのです（図1・3）。

では、遺伝子の本体であるDNAがどのような構造をしているのか、見ていきましょう。

DNAは塩基、糖、リン酸からできていますが、1つの塩基、糖、リン酸からなる単位を「ヌクレオチド」と呼びます。DNAは、このヌクレオチドが次々とつながって1本の鎖のようになっています。塩基はG、A、T、Cと4種類ありますから、この鎖はG、A、T、Cがそれぞれつながった配列からできているわけです。さらに、このようにできた1本鎖が2本くっついた構造をしており、塩基同士が向かい合って「水素結合」と呼ぶ弱い静電気的な結合でくっついています。このとき、塩基同士はランダムに結合するのではなく、AはTと、CはGとそれぞれ水素結合でくっつくというルールがあります。

ワトソンとクリックは、このくっついた2本の鎖がねじれて、二重らせん構造を作っていることを明らかにしたのです（図1・4）。細胞が分裂して遺伝情報をコピーするときには、DNAの複製が行われます。この2本鎖の構造というのは、それぞれの鎖が鋳型となり、それぞれのコピーを作るのにちょうど都合がいい構造なのです。

図 1.3　DNA の二重らせん構造の模型とワトソン（左）とクリック（右）

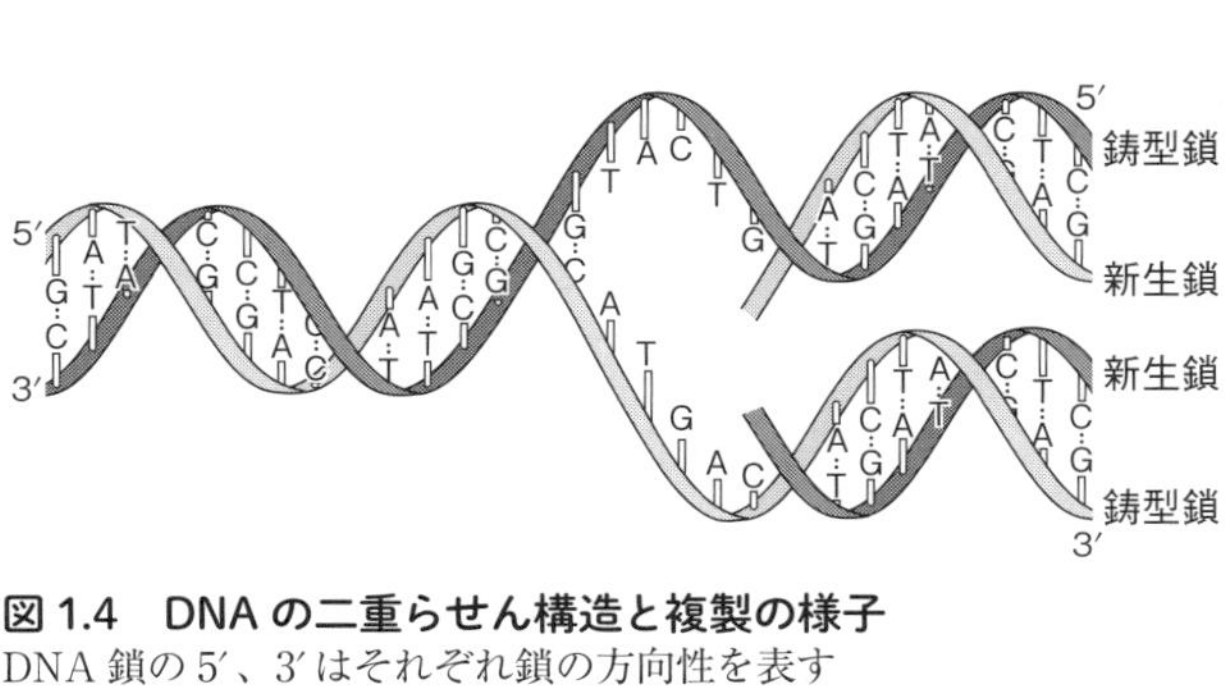

図 1.4　DNA の二重らせん構造と複製の様子

DNA 鎖の 5′、3′ はそれぞれ鎖の方向性を表す

さて、DNAは遺伝子の本体だと説明しました。DNAはG、A、T、Cの4種類しかありません。このたった4種類で、個体すべての膨大な遺伝情報を記録するには、どうしたらよいのでしょうか。それが、暗号化（デジタル化）です。たとえば、コンピュータでは、「0」「1」という2種類の数字の並び順で、あらゆる情報を記録していますね。これと同じように、生物はDNAのG、A、T、Cの4種類の並び順で、膨大な遺伝情報を記録しているのです。

ワトソンとクリックが明らかにしたDNAの二重らせん構造は、このように遺伝情報を記録し、また複製してそれぞれのコピーを作るといった、遺伝物質として必要な条件を満たす構造でした。そのためDNA結晶のX線回折写真を撮影しながら、ワトソンとクリックに出し抜かれたかたちとなったフランクリンも、「こんなに美しい形が間違っているはずがない」と、DNAの二重らせん構造説の完成度の高さを評価したのです。そして、この二重らせん構造の発見が、遺伝学を分子レベルで扱う学問である「分子生物学」の始まりとなりました。

その後、1962年にワトソンとクリックはノーベル生理学・医学賞を受賞しました。ただ、フランクリンはその4年前に37歳の若さで、がんのためにこの世を去り、受賞はかないませんでした。がんを発症したのは、ＤＮＡの構造を解明する決め手となった、ＤＮＡ結晶のＸ線回折写真を撮影するための実験の影響ともいわれています。大発見の陰の悲しい出来事です。

1・5 遺伝子がどのように体を作るのか

ＤＮＡが遺伝子の本体であることが判明し、ＤＮＡの構造も明らかになり、遺伝子の研究を扱う分子生物学の絶頂期が到来しました。主に、大腸菌やそれに感染するウイルス（バクテリオファージ）の研究を通じて、重要な生命現象が次々と発見されました。大腸菌は培養しやすく扱いやすいため、モデル生物として実験に向いていたのです。

最初に分かったのは、遺伝子の発現の仕組みです。１つの遺伝子は、生物の体を構成する１つのタンパク質の情報をコードしています。ＤＮＡにコードされた遺伝情報からタンパク質が作られることを、遺伝子の「発現」と呼びます。まず、ＤＮＡを鋳型にしてそのコピーであるメッセンジャーＲＮＡ（ｍＲＮＡ）が合成され、さらにこのｍＲＮＡがリボソームにくっつくことで、タンパク質が作られることが分かりました。

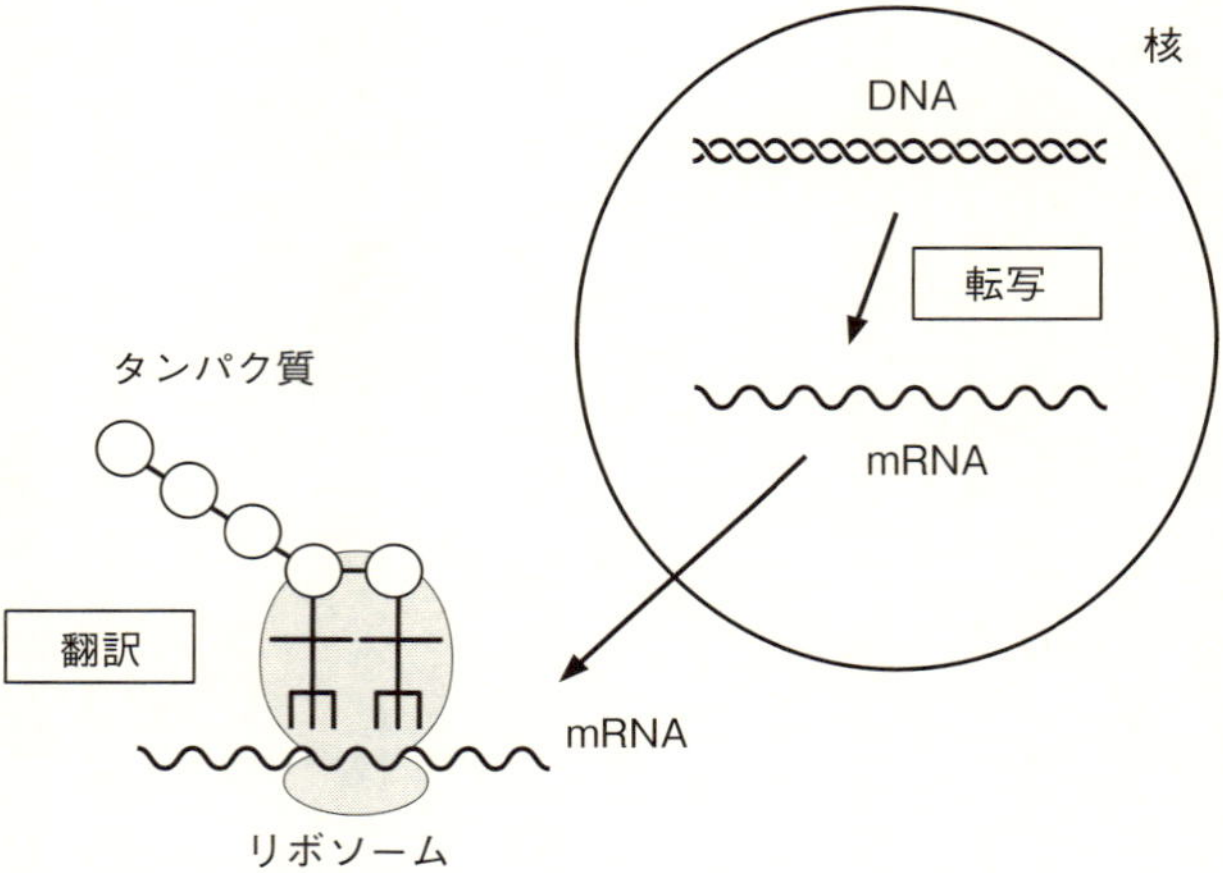

図 1.5　セントラルドグマ
細胞の核内で DNA が mRNA に転写され、細胞質内で mRNA がリボソームによりタンパク質に翻訳される

なお、RNAはDNAとほとんど同じ構造をしていますが、DNAでは糖はデオキシリボースを使うのに対して、RNAではリボースを使います。また、通常はDNAのような2本鎖を作りません。このDNA→mRNA→タンパク質の一連の遺伝子発現経路は、セントラルドグマ（中心教義）と呼ばれ、すべての生物に共通して存在することが分かっています（図1・5）。

では、タンパク質をコードする遺伝子は、どのような暗号でできているのでしょうか。この謎も明らかになりました。そもそもタンパク質は、アミノ酸が連なってできています。ということは、遺伝子の本体であるＤＮＡの配列はアミノ酸の種類を指定して、それらがつながってタンパク質が作られるということです。それでは、ＤＮＡから写し取られたｍＲＮＡは、どのようにアミノ酸を指定しているのでしょうか。

遺伝子が発現する際には、まず２本鎖のＤＮＡがほどけて、そのうち１本を鋳型にして、ＲＮＡ合成酵素によりｍＲＮＡが写し取られます。このｍＲＮＡの配列を人工的に合成し、さらにどのようなアミノ酸がつながってタンパク質が作られるのか調べたところ、塩基３つがセットになり、１つのアミノ酸を指定することが分かりました。アミノ酸は全部で20種類ありますが、塩基は４種類です。塩基３つの組み合わせで、$4^3=64$通りの組み合わせが可能で、20種類のアミノ酸を指定するのには十分です。これが２つの塩基で１つのアミノ酸を指定すると$4^2=16$通りで４つ足りませんし、４つで１つのアミノ酸を指定すると$4^4=256$通りになり、かなり余裕がありますが、そのぶんＤＮＡの長さが長くなるという欠点がありま す。つまり塩基３つで１つのアミノ酸を指定するというのは、必要最小限の量で最も多くの情報を維持できる仕組みというわけです（図１・６）。

では、どのような３つの組み合わせで、どんな種類のアミノ酸を指定しているのでしょうか。この暗号の謎も、人工合成したｍＲＮＡを使うことで、あっという間に解明されました

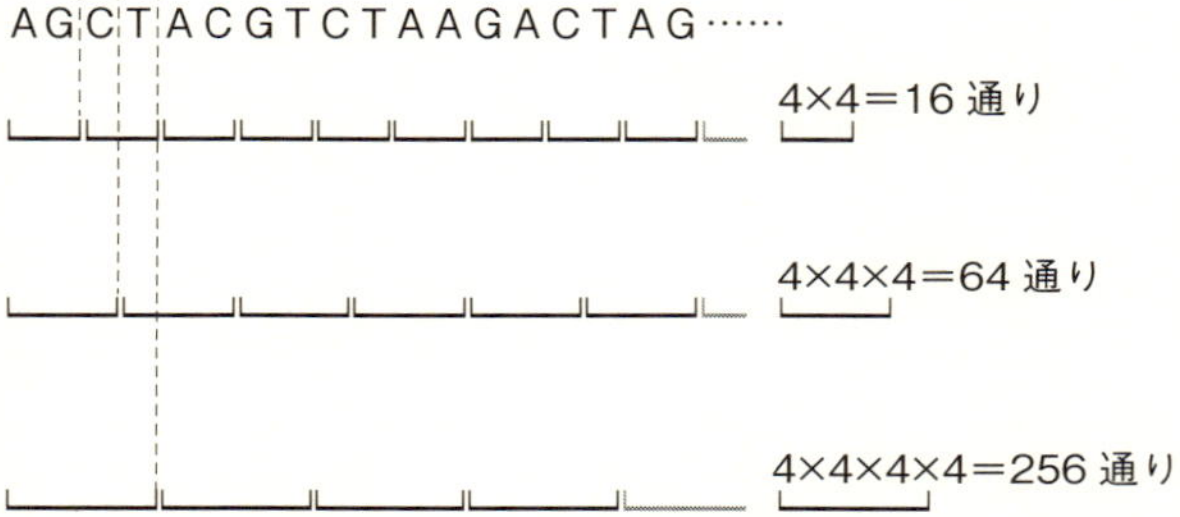

図1.6　塩基数とアミノ酸の指定可能数の関係

（図1・7）。なお、この3つの組み合わせを「コドン」と呼びます。驚くべきは、この暗号は大腸菌などのバクテリア（細菌）からヒトに至るまで、すべての生物でほぼ共通だということです。つまり、ＡＵＧという配列は、大腸菌でもヒトでもメチオニンというアミノ酸を指定しているのです。このことは地球上のすべての生物が、38億年前に登場したたった1つの細胞の共通の祖先、ＡＵＧがメチオニンを指定する生物から進化したことを意味しています。

　では、コドンで指定されたアミノ酸が作られていく様子を見ていきましょう。遺伝子の発現には、先ほどのｍＲＮＡに加えて、転移ＲＮＡ（ｔＲＮＡ）と呼ばれるＲＮＡも参加しています。ｔＲＮＡはそれぞれｍＲＮＡのコドンで指定された決まったアミノ酸を運んでくる役目を持っています。ただし、ｍＲＮＡの64通りのコドンの

2文字目の塩基 →

1文字目の塩基 ↓　　3文字目の塩基 ↓

	U	C	A	G	
U	フェニルアラニン	セリン	チロシン	システイン	U
	フェニルアラニン	セリン	チロシン	システイン	C
	ロイシン	セリン	終止	終止	A
	ロイシン	セリン	終止	トリプトファン	G
C	ロイシン	プロリン	ヒスチジン	アルギニン	U
	ロイシン	プロリン	ヒスチジン	アルギニン	C
	ロイシン	プロリン	グルタミン	アルギニン	A
	ロイシン	プロリン	グルタミン	アルギニン	G
A	イソロイシン	スレオニン	アスパラギン	セリン	U
	イソロイシン	スレオニン	アスパラギン	セリン	C
	イソロイシン	スレオニン	リジン	アルギニン	A
	メチオニン	スレオニン	リジン	アルギニン	G
G	バリン	アラニン	アスパラギン酸	グリシン	U
	バリン	アラニン	アスパラギン酸	グリシン	C
	バリン	アラニン	グルタミン酸	グリシン	A
	バリン	アラニン	グルタミン酸	グリシン	G

図1.7　コドンと対応するアミノ酸の一覧

うち、3つは「終止コドン」と呼ばれ、対応するtRNAを持たず、このコドンが現れたら翻訳が終了します。

こうして作られたアミノ酸のつながった長い糸（ポリペプチド）は、個々のアミノ酸の性質にしたがって折れ曲がったり、他のアミノ酸とくっついたりして立体構造を形成し、タンパク質を形作ります。これらは、あるものは消化酵素として腸で働き、あるものは筋肉を作るアクチンとなり、またあるものは赤血球のヘモグロビンになる、といったように、体を形成する数万種類のタンパク質になるわけです。

1·6 ゲノムとは何か――酵母菌から分かったこと

1980年代に入ると、ヒトと同じ、真核細胞特有の細胞周期や染色体に関する機構が次々と明らかになってきました。それは大腸菌よりもよりヒトに近いモデル生物であり、真核細胞生物である酵母菌の研究がさかんになったためです。

酵母菌の良い点は、遺伝学的な解析がしやすいことです。遺伝学的な解析とは、遺伝子の働きを明らかにするひとつの方法です。細胞に放射線を照射したり化学物質を添加したりし

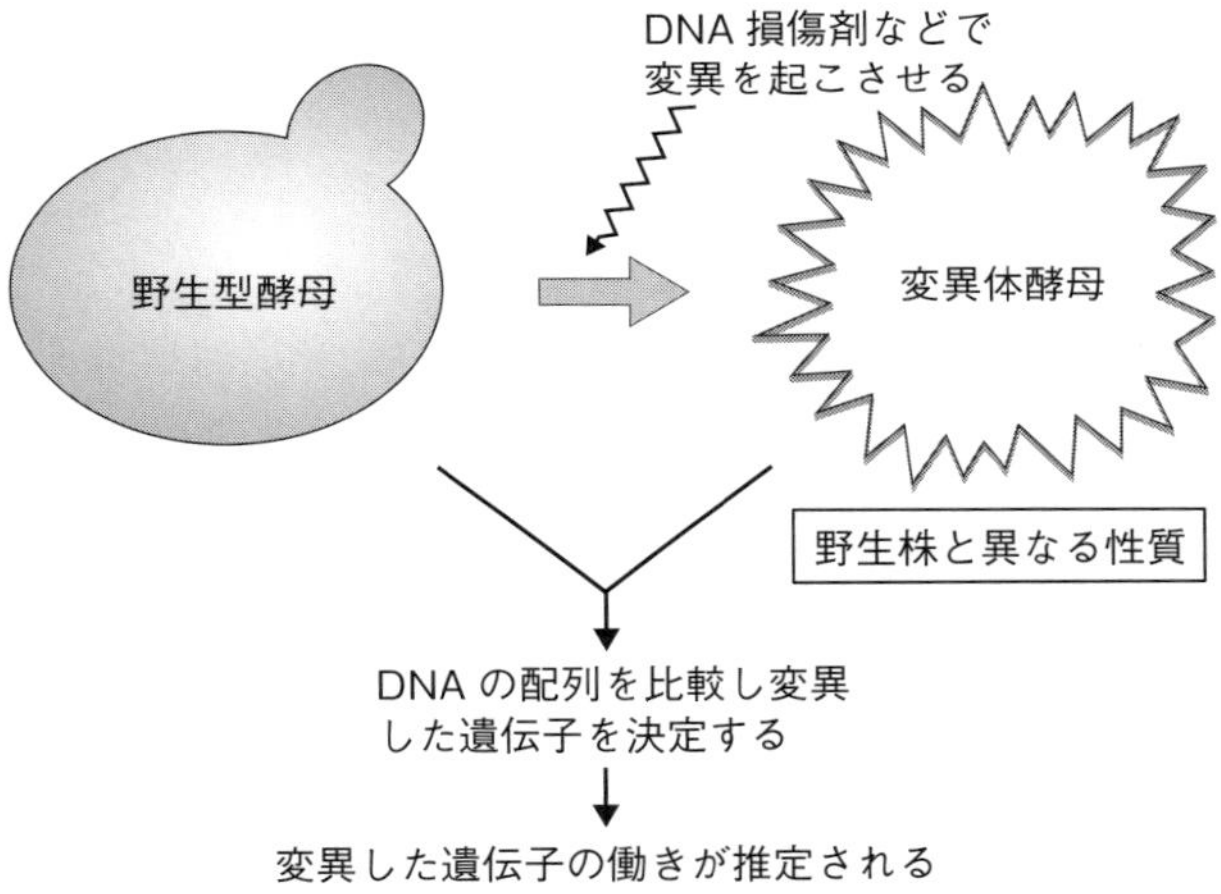

図 1.8　変異を利用した遺伝学的解析法

てＤＮＡに傷を入れることで、遺伝子に変化（変異）を起こさせ、その結果現れる異常から、遺伝子の本来の働きを明らかにします（図１・８）。

たとえば細胞周期のＳ期（細胞の核の中でＤＮＡが複製される時期）に成育が止まる変異体では、ＤＮＡ合成に関わる遺伝子が壊れていると考えられます。また、細胞分裂時に停止する変異体では、染色体の凝縮や分配に関わる遺伝子が壊れていると考えられます。このように多くの変異体を解析することで、細胞の増殖に関わる新しい遺伝子が次々と見つかってきたのです。

さらにこの酵母菌のすごいところは、当時は真核細胞で唯一、人為的に遺伝子を破壊すること（ノックアウト）が可能だった点です。ある遺伝子や配列に狙いをつけて（ターゲッティング）、それを破壊（ノックアウト）できるわけです。特定の遺伝子をノックアウトすることで現れる異常を調べることで、その遺伝子の機能を推定することができます。さらに、それだけでなく遺伝子の発現を調節する、転写開始領域（プロモーター）や調節領域（エンハンサー）などの研究が飛躍的に進みました。

このころから、個々の遺伝子の解析だけでなく、遺伝子間のネットワークを見る「包括的な」研究が始まりました。具体的には、ある条件のもとで発現が変化するすべての遺伝子を解析して全体像を明らかにしようとするものです。そこで登場したのがゲノムという概念です。

ゲノム（genome）とは、遺伝子（gene）と染色体（chromosome）の合成語で、ある生物の持っている遺伝情報全体を示します。「遺伝子」はたとえば筋肉を作る「アクチン遺伝子」のように、作られるタンパク質名（アクチン）と組み合わせて使われるのに対し、「ゲノム」は「大腸菌ゲノム」、「酵母ゲノム」のように生物名とつなげて使います。「ヒトゲノム」と言ったら、人ひとりが持つすべての遺伝情報、すなわち全塩基配列を指すわけです。

塩基配列解読技術の進歩もあり、最初は細菌やゲノムサイズの小さいモデル生物のゲノムを解読するゲノムプロジェクトが計画されました。塩基配列決定の論文も次々に出版されました。「〇〇の全塩基配列決定！　遺伝子の数は全部で××個」といった論文が１９９０年代中頃から次々と出始めました。ここからゲノム時代に突入です。

1·7 クリントン大統領とヒトゲノム計画

多くのゲノム研究者が重要な通過点と位置づけていたゲノムプロジェクトは、ヒトのゲノムの解読です。１９８０年代前半、日本でも世界に先駆けてヒトゲノム計画の構想が始まりました。我が国は、遺伝子を扱う分子生物学の分野で、アメリカやヨーロッパに引けを取らない伝統と業績があるのです。

ただ、ヒトゲノム計画の実施にあたっては、２つの大きな「壁」がありました。ひとつはヒトのゲノムは巨大であり、その全配列の決定には膨大なお金と時間がかかるということです。当時の試算で数千億円、10年以上かかると予測されていました。当時、日本の文部省（現・文部科学省）が科学技術全分野にかける年間予算は１０００億円にも届きませんでした。そう考えると、予算上、実施するのはなかなか厳しいというわけです。

もうひとつの「壁」は、倫理の問題です。ヒトのゲノムはヒトの設計図であり、究極の個人情報です。将来的にその人の体質、気質、遺伝病など、いろいろなことが分かってくる可能性があります。その情報を解読するとなると、倫理的な問題を考慮する必要が出てきます。ほかの生物のゲノム解読と同じようにほいほいとはいきません。

まずはお金の問題です。日本単独では研究資金の点から難しいということで、1980年代後半、アメリカ、イギリス、日本が中心となり、ヒトゲノムを解読するための国際共同研究を進める合意が交わされました。1990年代に入ると、アメリカ政府はヒトゲノム計画に3000億円の予算を決定し、ヒトゲノムの解読が本格的に始まったのです。

ヒトゲノム計画は、最初はゆっくりとしたペースで始まりました。ところが、ゲノムの塩基配列を決める技術の進歩に加え、ヒトゲノム計画の結果明らかになるヒトの遺伝子の情報が、薬の開発（創薬）、がんや生活習慣病などの遺伝子診断に応用できることが分かると、医療や産業分野での期待が高まりました。途中から民間企業も多数参入し、研究開発投資が増え、塩基配列の解読スピードが一気に加速しました。当時私はアメリカに留学していたため、実体験としてこの一連の出来事を記憶しています。

アメリカでヒトゲノム計画が始まったころ、私はニューヨークのマンハッタンから車で30

分ほどの場所にある、ニュージャージー州ナトレーのロシュ分子生物学研究所に勤務していました。ロシュは、スイスに本社がある大手製薬企業です。

１９９５年のある日、突然会社から私に解雇予告通知が届きました。身に覚えはないのですが、何かやらかしたかと思い、慌ててボスのところに相談に行きました。するとボスが、「タケヒコ、お前もか。じつは俺のところにも同じ通知がきた。どうやら研究所所員全員解雇らしい。オーマイガー！」と言うのです。えっ、ええええー、これぞ本場のリストラか、土産話が1つ増えたな、などと呑気なことも言っていられません。長男が生まれたばかりでもありました。気を取り直して詳しい情報を収集してみると、会社のポリシー（経営方針）の変更で、製品開発に直接関係ない研究所はほとんど閉鎖、全世界のロシュグループで数千名規模の大リストラを断行するということらしいのです。日本の鎌倉にあったロシュの研究所でも、同様にリストラが行われたと聞きました。

では、ロシュがリストラを進めた事情は何だったのでしょうか。リストラされたことはショックでしたが、私がそれ以上に衝撃を受けたのが、その理由でした。それは、「ヒトゲノムプロジェクトが本格的に動きだす。アメリカ政府も大型予算を組みそれを後押ししている。この波に乗り遅れないように私たちも準備しないといけない。どこよりも早く病気に関わる遺伝子を見つけて特許を取る。カリフォルニアに新たなゲノムの研究所を作る。合わせて遺伝子解析に必要ないくつかの特許を会社ごと買い取る。そのための資金を得るために大規模なリストラが必要だ！」ということだったのです。

ヒトゲノム研究が進む中、製薬企業が生き残るためにはこのくらい大胆なことをする必要があるのかと、自分の処遇はさておき感心した次第です。なにか大きなことが起こる予感がしました。幸い私の直属のボスと私はアメリカ国立衛生研究所（ＮＩＨ）に次の職を得て、なんとか失業は免れ、当時赤ちゃんだった長男も現在は成人しています。

脱線しましたが、ヒトゲノム計画の話に戻ります。塩基配列決定技術の進歩により、予定よりもだいぶ早く、２０００年に大まかな塩基配列が決定されました。これについて、当時のアメリカ大統領ビル・クリントンは、ホワイトハウスで大々的な記者会見を行いました。このとき、イギリスのブレア首相も衛星生中継で出演しました。ただ、残念なことに、日本の当時の森喜朗首相はそこに同席していませんでした。ヒトゲノム計画では、日本は横浜の理化学研究所が主に21番染色体を中心に担当し、ゲノム全体の7％を決定しました。アメリカ（67％）、イギリス（22％）についでの3番目の貢献でしたが、それでもヒトゲノム計画以前の配列の発表量（全体の15％）と比べると、日本の存在感は少し薄くなっていました。

さて、２０００年の記者会見で行われたクリントン氏の演説は非常に印象的だったのを憶えています。その約50年前に当時のジョン・Ｆ・ケネディ大統領がアポロ計画（月へ有人宇宙船を飛ばす計画）をぶち上げたときの演説を彷彿《ほうふつ》させるものでした。彼の言葉を借りれば、「ヒトゲノムプロジェクトは我々人類を理解する偉大な一歩、そして人類がこれまでに作ったものの中で、もっとも価値のある地図」になったというわけです。さらにその３年後の２００３年、ヒトゲノムプロジェクトは完了し、約30億塩基対、２万２０００個の遺伝子を見つけました。こうして、ヒトゲノム時代の幕開けとなったのです。

1·8 非コードDNAの発見

ヒトゲノムプロジェクトの結果、これまでの予想と大きく異なる２つの発見がありました。それを説明する前に、ヒトの遺伝子について少し復習しましょう。

遺伝子はタンパク質を作るための情報です。１つのタンパク質を作るのに必要な遺伝情報は、塩基の並び順（配列）として暗号化されています。これを少し専門的な言葉で、遺伝子が「タンパク質をコードしている」と言います。この暗号化は、先に述べたｍＲＮＡの３つの塩基で1つのアミノ酸を指定する方法です。ただし、この遺伝子を含む領域は、もう少し複雑にできています。1つのタンパク質をコードしている部分（エクソンあるいはエキソンと呼びます）のほかにも、無関係な配列の部分（イントロンと呼びます）が複数含まれているのです（図1・9）。

遺伝子からタンパク質が作られるときには、まず塩基配列の情報をmRNAとして写し取る「転写」が起こり、最終的にリボソームでアミノ酸が指定されてタンパク質に「翻訳」されます。このとき、最初に転写されるのは、mRNA前駆体と呼ぶ、イントロンも含む長い領域です。イントロンには、タンパク質になるのに無関係な配列も含まれているので、mRNA前駆体が核から核膜孔という小さな穴を通過して細胞質に移る過程で、スプライシングと呼ばれる「編集」作業が起こります。スプライシングによって、mRNA前駆体から無関係な配列が取り除かれて、エクソンのみのmRNAとなります。こうしてできた「きれいな」mRNAが、細胞質にあるリボソームにくっついて、アミノ酸を指定し、タンパク質として「翻訳」されるというわけです。

さて、話を戻して、ヒトゲノムプロジェクトによる発見の話をしましょう。まずひとつ目の発見は、ヒトが持つ遺伝子の数が、予想よりもずっと少なかったことです。ヒトゲノムプ

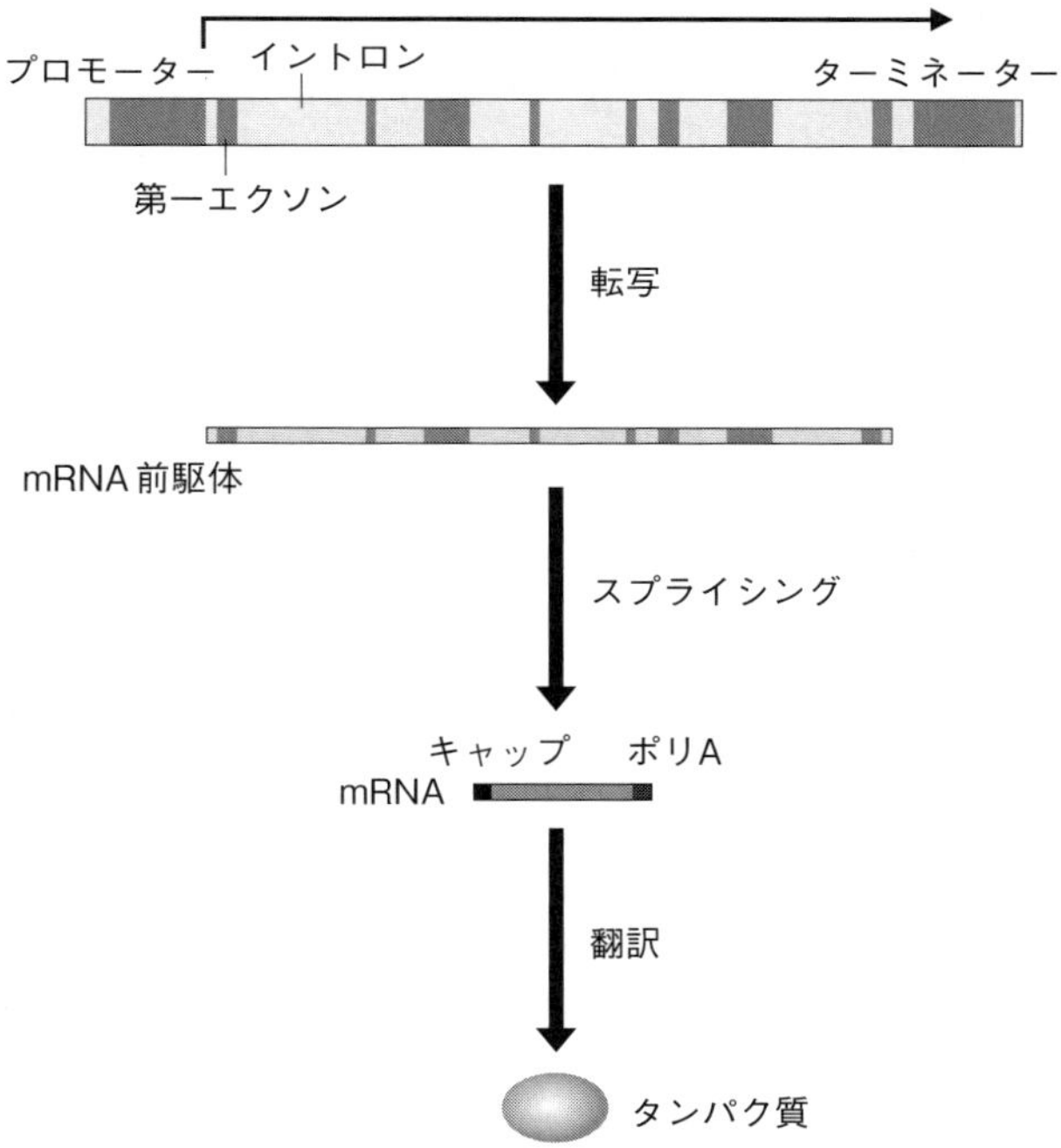

図1.9　遺伝子が発現しタンパク質が作られるまでの流れ

ロジェクトによってヒトゲノム配列が分かる前には、ヒトの遺伝子数はだいたい3万個くらいと見積もられていました。ゲノム配列が決まっていなくても、mRNAを集めることで、遺伝子数を推測していたのです。ところが、実際にはヒトゲノムプロジェクトで分かったヒトの遺伝子数は約2万2000個と、予想よりもずっと少なかったのです。

mRNAの種類からの見積もりよりも実際の遺伝子数が少ないというのは、いったいどういうことなのでしょうか。これは、1つの遺伝子領域から、複数のmRNAが作られることを示唆しているのです。たとえば、1つの遺伝子領域から転写された1つのmRNA前駆体でも、スプライシングのパターンが変わることで複数のmRNAが作られれば、異なるタンパク質が作られます。また、1つの遺伝子領域の中で、転写のスタート地点が複数あれば、1つの遺伝子領域から作られるmRNAのバリエーションが生まれると考えられます。

もうひとつのヒトゲノムプロジェクトによる発見は、研究者たちにさらに大きな衝撃を与えました。ヒトゲノムプロジェクトで分かった30億塩基対の全ゲノムのうち、なんと98％がタンパク質をコードしていない「非コードDNA領域」だったのです。これは、多くの研究者の予想以上でした。なぜかというと、ヒトの体はタンパク質でできています。そのため、ゲノムはそのタンパク質を指定する情報（コードDNA）がメインだと考えられていたからです。実際、ヒトゲノムプロジェクトよりも前にゲノムが決定された細菌や酵母菌では、ゲノムの大半がコードＤＮＡ領域でした。

では、この「非コードＤＮＡ領域」はいったい何なのでしょうか。この配列を詳しく見ていくと、とてもユニークであり、不可解でした（図１・10）。もっとも多かったのが、「レトロトランスポゾン」と呼ばれる配列で、これがゲノム全体の約40%を占めていました。

レトロトランスポゾンとは、ゲノム上でその位置を変えることができるため「動く遺伝子」と呼ばれる「トランスポゾン」（転移因子）の一種です。これは、染色体上のＤＮＡ配列からいったんＲＮＡに転写（コピー）された後に、逆転写酵素によってＤＮＡに変換され、また染色体に挿入（ペースト）される、自己増殖能力のある配列です。ただし、かつてそのように増殖していても、現在はそのほとんどが痕跡であり、増殖はしていないコピーがほとんどです。増殖して転移する能力があったとしても、通常は「ヘテロクロマチン化」と呼ぶ不活化の仕組みによって、転移のための転写が起こらないように制御されています。

ヒトの非コードＤＮＡ領域に多いこのレトロトランスポゾンには2種類があります。ひとつは、ＳＩＮＥ《サイン》（short interspersed element　短い散在性反復配列）と呼ばれる配列で、数百塩基対という短い領域です。これは、ＤＮＡを鋳型にしてＲＮＡを合成する酵素の一種

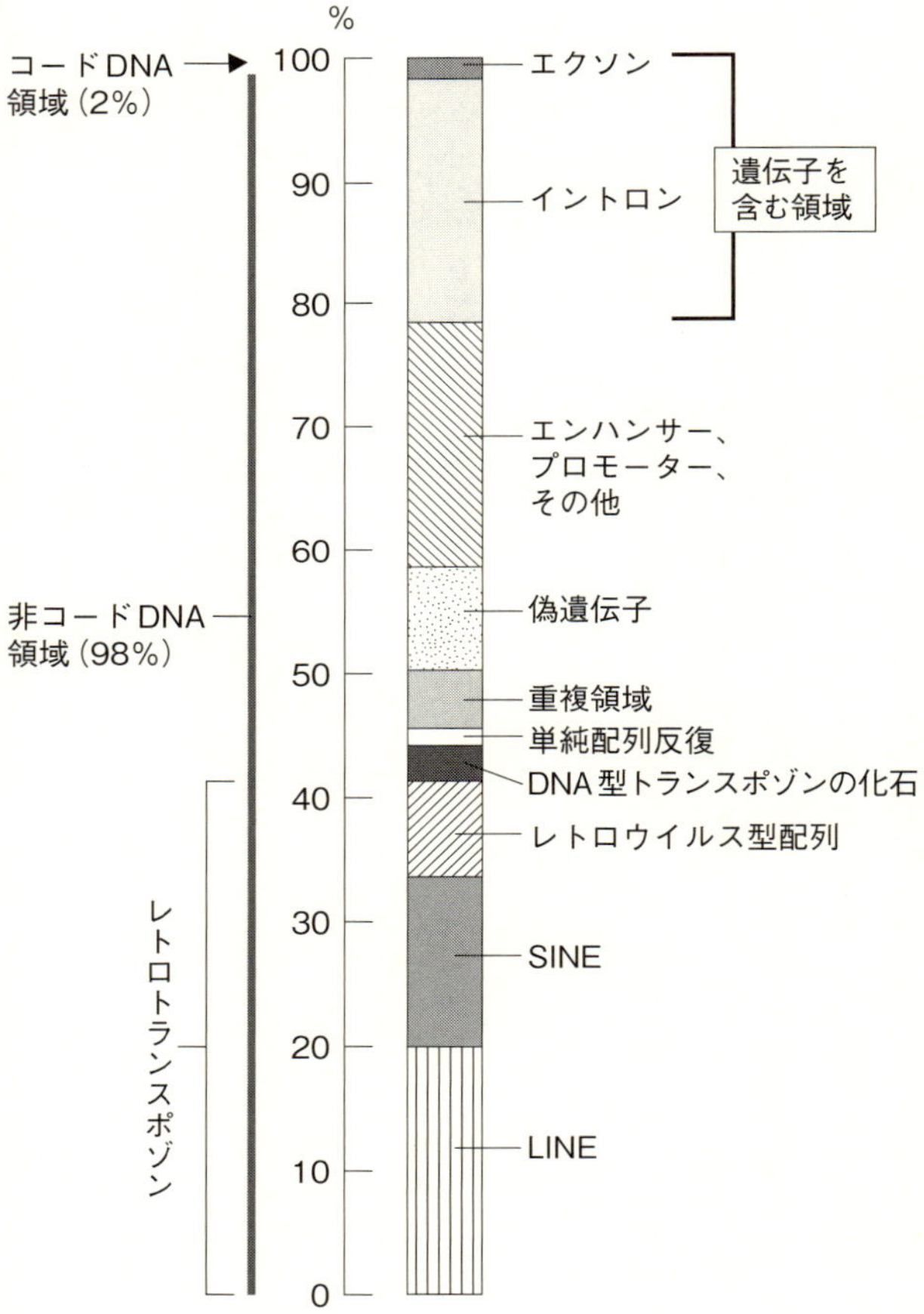

図 1.10　ヒトの DNA の内訳
98%を非コード DNA が占めている

である「RNAポリメラーゼⅢ」によって転写されます。RNAポリメラーゼⅢは、SINEのほかにもtRNA遺伝子など短い配列を転写するときに働きます。

もうひとつのレトロトランスポゾンは、LINE《ライン》（long interspersed element　長い散在性反復配列）と呼ばれる配列で、長さは数千塩基対と、SINEよりもずっと長い配列です。この配列には、転移に必要な逆転写酵素、挿入のためのDNA切断酵素の遺伝子が含まれています。じつは、SINEもこれらの酵素を利用して転移します。ゲノム中にSINE、LINEはそれぞれおよそ100万、50万コピー存在し、合わせて非コードDNAの30%以上を占めています。

さらに、非コードDNA領域には、SINEよりも小さい「マイクロサテライト」と呼ばれる配列も見つかりました。これは、数塩基対から数百塩基対の繰り返し配列です。マイクロサテライトはゲノムの中でも変異スピードが速いのですが、それは、DNAが複製される際の複製のズレによって作られるためだと考えられています。DNA複製時に、複製された2本鎖DNA配列が離れて1本鎖になり、一度複製された配列を後戻りして再複製する「スリッページ（slippage）」によって、徐々に増加していきます。また、第3章で詳しく述べる増幅組換えという方法でも増加します。

これら大小の「反復配列」に非反復性のランダムな配列も合わせると、なんとゲノムの約8割を占めることが分かりました。さらに、遺伝子領域に存在するイントロンまで加えると、98%が「非コードDNA」ということが分かったのです。

ヒトのゲノムを大雑把にひとことで言うなら、「細胞の外から飛び込んできたトランスポゾンがゲノム中で勝手に増えまくり、加えてDNA合成酵素が空回りして同じ配列を何度も合成して繰り返し配列を増やし、その結果ゲノムの大部分は膨大な非コードDNAによって占領されてしまい、肝心のコード領域（エクソン）はぽつんぽつんと離れ小島のように浮かんでいる」といった状態なのです。

1·9 ゴミ箱に入れられた非コードDNA

とはいえ、この膨大な非コードDNA領域は、いまだにきちんと配列が決定されていません。これは、DNA配列決定の方法の問題点のためでもあります。そこで、DNA配列決定技術について少しお話ししましょう。

1980年代、DNA配列決定法が普及し始めた当初は、「サンガー法」と呼ばれる方法が使われていました。これは、現在のＤＮＡの配列決定法の基礎となる技術です。サンガー法は、長い配列を区切って少しずつ決定していくという方法です（図１・11）。具体的に見ていきましょう。

まず、配列を調べたいＤＮＡの断片に熱を加えて、２本鎖から１本鎖に変性します。さらに、その端に対合する20塩基程度の小さい１本鎖ＤＮＡ（ＤＮＡプライマー）から、ＤＮＡを試験管内で合成していき、配列を決定します。実際には、鋳型ＤＮＡ、プライマー、ＤＮＡ合成酵素、ヌクレオチドを４本の試験管に分け、それぞれにＤＮＡ合成がランダムに停止するように修飾したヌクレオチドＧ、Ａ、Ｔ、Ｃを少量混ぜておきます。修飾ヌクレオチドは複製時にＤＮＡに取り込まれると、その後の合成反応は起こりません。そのため、たとえば「修飾Ｇ」を加えた試験管では、非修飾のＧも入っているので、ある程度複製は進んでいきますが、修飾Ｇが偶然取り込まれるとそこで複製が停止します。つまりいろいろなＧの位置に止まったＤＮＡができます。

次に、これら４種の修飾ヌクレオチドで停止したＤＮＡを１本鎖に変性したのち、分子量に応じてＤＮＡを分離する「電気泳動」という分離法を使い、ＤＮＡのサイズを解析します。たとえば短いほうから修飾Ｔ、修飾Ｇ、修飾Ａ、修飾Ｃと並んでいるとすると、配列は

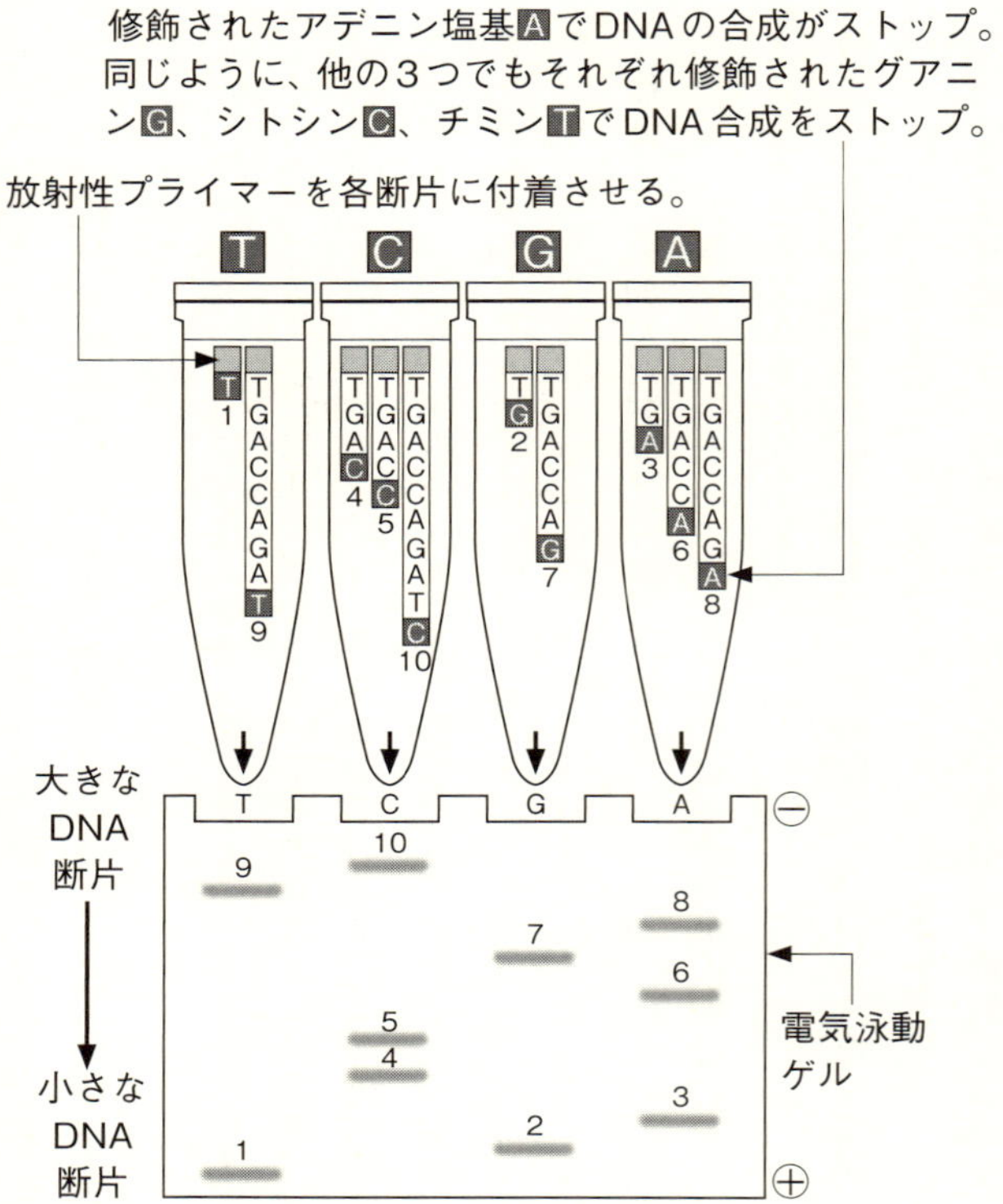

図 1.11　サンガー法による DNA 塩基配列の調べ方

（出典：WestOne Services www.westone.wa.gov.au）

プライマーに近いほうからT－G－A－Cとなります。上手くやれば1回の反応で５００塩基は読めます。その結果を使ってまた端のほうに新しいプライマーを合成して次の５００塩基を続けて読んでいきます。

ただし、サンガー法は長い配列を読むにはとても息の長い作業が必要です。たとえて言うなら、長いＤＮＡの道の上を一人の旅人が５００塩基進んでは一休みし、またそこから続けて進み出すといった感じです。もっとも、比較的塩基数が少ない、数千塩基対の細菌の遺伝子などはこの方法でも十分配列の解読が可能です。実際に私が大学院修士課程の学生のとき、大腸菌のＤＮＡ複製に関する遺伝子の配列（約３０００塩基対）を約半年かけて決定しました。しかし、ヒトの1つの遺伝子領域ではサイズが大きなイントロンが含まれているので、少なくとも数万塩基対は解読する必要があります。サンガー法では１つのヒトの遺伝子を決めるのに数年かかってしまいます。

そこで、長いＤＮＡ配列を短時間で読むために出てきたのが、ショットガン法と呼ばれる方法です。この方法では、長いＤＮＡを短く切り刻んで、同時進行で複数の断片の配列を決めていきます。重複している配列を頼りに、それらを全部つなげるわけです。もちろん重なったところは無駄になります。同じ配列を何度も読んでしまうこともあるでしょう。しかし何度も読むので、配列決定の精度を高めるという意味ではプラスです。この方法ではサンプル数（断片数）が多くなるので、一度にどれだけ処理できるかが重要です。これが多ければ多いほど解析速度が速くなります。

そこでさらに開発されたのが、キャピラリーという細い管でＤＮＡを分離する方法です。キャピラリーを使うことで、作業効率が一気に上がり、それまで研究者が実験室で進めていた「実験」だった配列決定は、装置にかけるだけで自動的にできる「作業」になりました。じつはそれ以前、ＤＮＡ断片をサイズごとに分離するのに不可欠な電気泳動は、けっこうな労力がかかっていました。１メートル近くある大きなガラス板にゲルを作り、そこにＤＮＡサンプルを入れ、電流を流して電気泳動を行うのです。実験に使うガラス板を綺麗に洗うだけでも大変な作業になります。

一方、キャピラリーはそういった面倒なこともなく、しかも最大96サンプルを一度に配列決定できます。さらに修飾塩基を蛍光標識することで、電気泳動の結果をリアルタイムで検出できるようになりました。これを「第一世代シーケンサー（配列解析装置）」と呼びます。これにＤＮＡ合成の反応ロボットを組み合わせることにより、第一世代シーケンサーはヒトゲノムプロジェクトでは大活躍しました。今でも現役で動いています。

余談になりますが、ゲノムプロジェクトが呼び水となり、その後もシーケンサーの開発競争は激化し、現在広く使われている次世代シーケンサーと呼ばれる高速塩基配列決定装置が登場しました。これは次世代と呼ばれるだけあって、解析速度が格段に違います。

まず従来のように長いＤＮＡの端からＧ、Ａ、Ｔ、Ｃの塩基配列を決めていくのではなく、ゲノムを１００塩基対程度の短い断片にして（ライブラリ）、それら数千～数億個を小さなガラスプレート上に固定し、そこでＰＣＲというＤＮＡを増幅する方法で同じ配列からなる小さなＤＮＡの「塊」を作ります。数千万個ほど塊を作り、それぞれ違う色で蛍光標識した4種類の修飾ヌクレオチドをすべて混ぜてＤＮＡを合成します。修飾ヌクレオチドなので、それぞれの塊が１つだけ取り込まれ合成が止まります。それを蛍光顕微鏡で写真に撮ると、それぞれの塊が4種類の異なる色で光ります。そのあと修飾ヌクレオチドの修飾部分のみを外して、続いて合成できるようにし、これにまた4種類の修飾ヌクレオチドミックスを反応させ撮影します。これを繰り返すとそれぞれの「塊」の配列、つまり数千万断片を同時進行で決定することができます。最終的に１００回ほど繰り返して出てきた短い配列（１００塩基程度）をコンピュータでつなげて１つの連続した配列に組み直します。

この方法を使うと、ヒトのゲノムでも一週間程度で配列を決定することができます。15年前に10年以上かかった配列決定が、５００分の１に短縮され、費用もヒトゲノムプロジェクトの３０００億円に対して、１００万円程度です。さらに近い将来10万円、１週間で１人のヒトのゲノムが決まるようになるだろうと予想されています。まさに革命的進歩ですね。

このようにＤＮＡ配列の決定速度は飛躍的に向上しましたが、ひとつ大きな欠点がありま す。それは短い配列をたくさん決定し、それらをつなぎ合わせる方式を取っているので、同じ配列が繰り返されているような領域の解読はうまくできなかったのです。単純な例でいうと、１０００塩基の配列が何回も繰り返しているような領域は、それが並列に並んでいるのか、ひっくり返っているのか、何回繰り返しているのかなどはよく分かりません。

ヒトゲノムプロジェクトは完了したことになっていますが、じつは繰り返し配列が多い非コードＤＮＡ領域は正確には読めていません。それでも「ゲノムの解読は完了した」と言っているのは、「遺伝子領域は読めた。非コードＤＮＡ領域にはどうせ大した機能はないだろう」という見込みがあったからです。つまり、非コードＤＮＡ領域は意味のないものとして「ゴミ箱」に捨てられてしまったのです。

第１章　非コードDNAの発見、そしてゴミ箱へ

第2章 ゴミからの復権

2・1 ゲノムを支える非コードDNA領域

かくして、ゴミ箱に入れられてしまった非コードDNA領域ですが、普通に考えてそれでいいわけがありません。ヒトのゲノムは、98％が非コードDNA領域であり、ここがゲノムの本体と言っても言い過ぎではないでしょう。ということは、非コードDNA領域がなんらかの機能を持っていると考えるのが普通です。では、その機能とはいったいなんなのでしょうか。

確実に存在すると分かっている機能は、ほかの2％のコード領域に存在する遺伝子を維持することです。「遺伝子の維持」というのはつまり、DNAの複製や分配、修復、タンパク質を作るための発現の調節に関わる働きです。これは、「染色体の機能」と言い換えてもいいかもしれません。染色体とは、簡単に言えば遺伝子の「乗り物」（船のようなもの）です。具体的には、ゲノムを構成するDNAと、そこに結合し、ゲノムの維持に関わるタンパク質を合わせた構造体です。非コードDNA領域には、染色体の働きを支える機能があることが分かっています。

非コードＤＮＡ領域の話をする前に、酵母の話をしましょう。ここでなぜ酵母かというと、ヒトと同じ真核生物である酵母を使った実験から、これまで非コードＤＮＡ領域の機能が分かってきたからです。ヒトのゲノムは30億塩基対と膨大なので研究をするにもなかなか手がつけられませんが、酵母はその２００分の１のサイズです。細胞および染色体の基本的な機能はヒトも酵母もよく似ているため、酵母を使った実験から、ヒトの細胞についても理解しようということです。実際に、ほとんどと言ってもよいほど多くの情報が酵母の研究から得られています。

酵母は先に述べたようにゲノムの一部を削ったり、入れ替えたりが簡単にできる真核生物です。研究以外でも人類との付き合いは非常に長く、古くから食品を発酵させたり、お酒を造ったりと非常に役に立つ単細胞生物です。

身近なところでは、ワインは酵母の働きで造られます。酵母はブドウの表面に、もともとたくさんくっついています。伝統的なワインの製造法では、ブドウを皮ごとぐしゃぐしゃに足で踏んづけ、樽に入れて軽くふたをしておけば、ブドウに付いている酵母が勝手に糖を分解してアルコールを造る「アルコール発酵」という反応を行い、ブドウジュースをワインに変えてくれるのです。日本酒やビールでは材料としてブドウの代わりにお米、麦芽を使いま

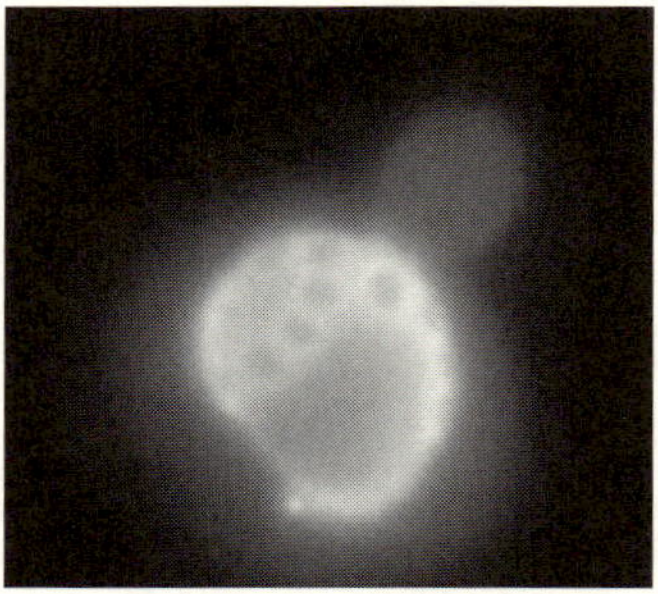

図 2.1　出芽（分裂）中の酵母。大きい細胞は母細胞で表面の白いリングは出芽したあと

すが、基本的に同じアルコール発酵で、酵母がお酒造りの主役です（図2・1）。

話を元に戻して、酵母の非コードDNA領域の話をしましょう。酵母のゲノムのサイズは1200万塩基対。そこに約6000個の遺伝子が含まれています。では、非コードDNA領域はどれくらいあるのでしょうか。ゲノムのサイズを遺伝子数で割ると、2000塩基対です。ところが、実際の遺伝子のサイズは1つあたり1000〜1500塩基対なので、残りの30％ほど、つまり全体でおよそ400万塩基対が非コードDNA領域ということになります。

これはヒトのゲノムの30億塩基対に比べるとかなり少ないですが、基本的な機能はかなり似通っています。とくに非コードDNA領域が当然持つと予想される、遺伝子を転写したり、複製したり、分配したりする維持機能は完全に共通しています。本章ではまず、酵母の研究を通じて分かってきた、非コードDNA領域の機能について見ていきましょう。

2・2 DNAの状態を決めるクロマチン構造

非コードDNA領域のそれぞれの機能を持つ配列の説明に入る前に、非コードDNA配列のクロマチン構造について説明します（図2・2）。クロマチンとは、DNAとそこに結合するタンパク質によって作られる巨大なDNA―タンパク質複合体のことです。DNA配列が家の基礎だとすると、クロマチンはその上の建物のようなもので、クロマチンの構造によって、DNAの状態、つまり遺伝子の発現状況も変わり、その「個性」が発揮されます。

クロマチンを構成するタンパク質のうち、もっともたくさん結合しているのはヒストンと呼ばれるタンパク質で、これが8つ集まり（ヒストン8量体）その周りにDNAが巻きついてヌクレオソームと呼ばれる球状の構造体を作っています。ヒストン8量体は、ヒストンH2A、ヒストンH2B、ヒストンH3、ヒストンH4がそれぞれ2つずつ集まって構成されています。ヒストンそのものは没個性的ですが、興味深いのは、ヒストンが「修飾」を受け

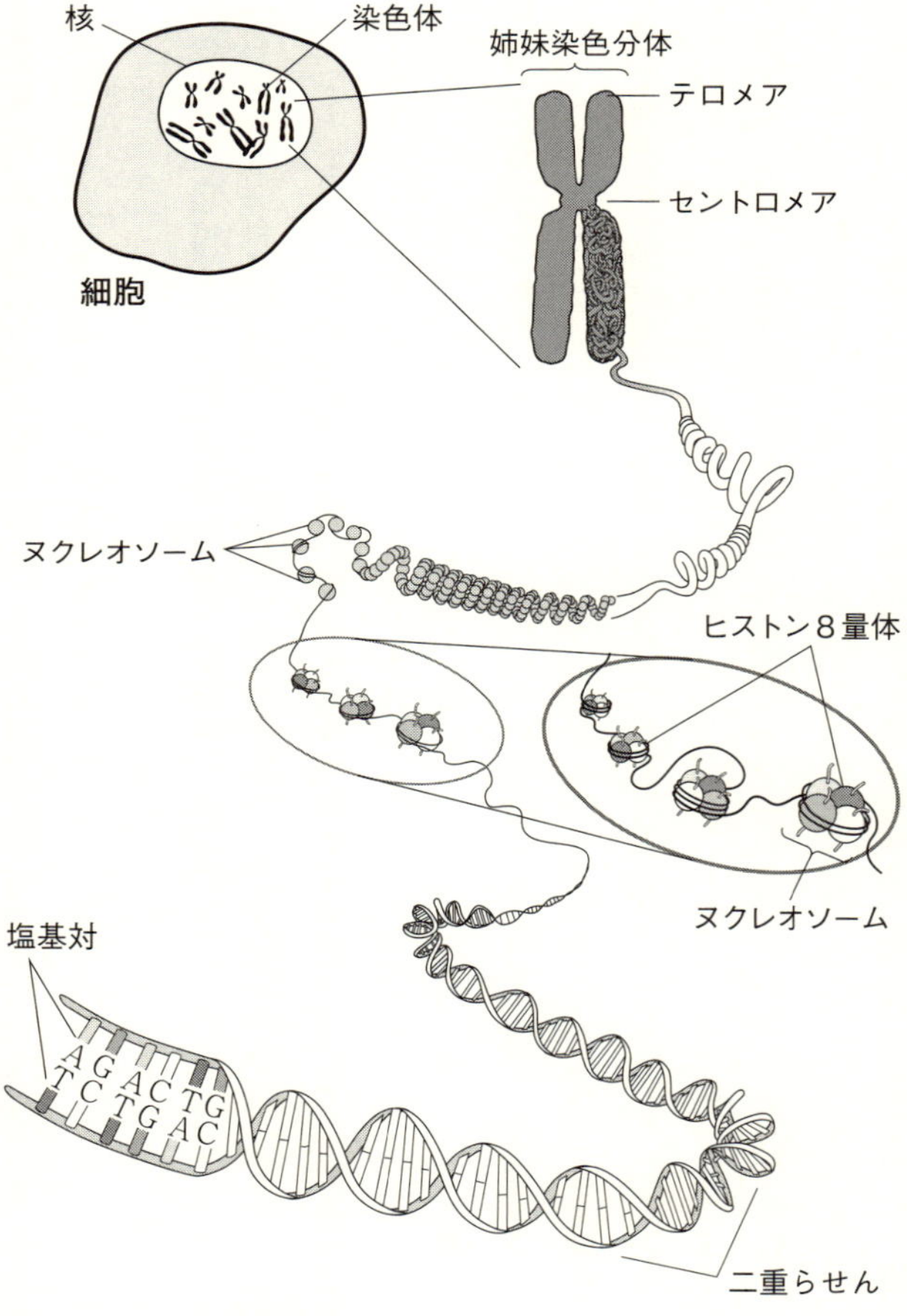
核
染色体
姉妹染色分体
テロメア
セントロメア
細胞
ヌクレオソーム
ヒストン８量体
ヌクレオソーム
塩基対
A G A C T G
T C T G A C
二重らせん

図 2.2　クロマチン構造

ることで、ＤＮＡや他のヌクレオソームあるいはクロマチンタンパク質との結合状態が変化し、個性的なクロマチン構造を形作ることです。

ヒストンのようなタンパク質で「修飾」というと、化学反応によって一部の構造を変えることを指します。とくにヒストンタンパク質のＮ末端（タンパク質のアミノ基のある側の末端）付近にあるヒストンテールと呼ばれるひも状の部分に修飾が起こります。

たとえば、もっとも有名なのは、ヒストンＨ３の９番目のアミノ酸であるリジンのメチル化です。これが起こると、ヌクレオソーム同士の間の会合状態が「タイト（きつく）」になり、ＤＮＡは閉じた構造をとります。逆にヒストンＨ３やＨ４のＮ末端付近のリジンがアセチル化されると、ＤＮＡや他のヌクレオソームとの結合が「ルーズ（ゆるく）」になり、ＤＮＡは開いた状態になります。このきつい状態とゆるい状態が基本となり、染色体全体の構造を決めているわけです。

一般に、遺伝子が存在するコードＤＮＡ領域は「開いた」状態になっています。これを、ユークロマチンと呼びます。ユークロマチンでは、ヒストンがアセチル化され、ＤＮＡはヒストン８量体にゆるく巻きついた状態で、他のＤＮＡ結合タンパク質がＤＮＡにアクセス（接近）しやすい状態になっています。つまり、遺伝子の翻訳によりタンパク質を作るのに適した状態にあると言えるでしょう。一言で言えばDNAが「起きた（目が覚めた）」状態です。

それに対して、遺伝子がない非コードDNA領域では、その多くはDNAとヌクレオソームの結合がタイトで、さらにヌクレオソーム同士がくっついて、ヘテロクロマチンという状態になっています。ヒトの染色体では、メチル化されたヒストンに特異的に結合するHP1と呼ばれるタンパク質やRNA分子などが上から重なり、さらにガチガチに固められた状態となります。このような状態では、とうてい他のタンパク質がDNAにアクセスすることはできません。仮に遺伝子があったとしても転写が起こりにくく、DNAが「眠ったまま」の状態となります。

それでは、なぜこのような2つのクロマチンの状態があるのでしょうか。ひとつの仮説は、ゲノムの中に「寄生」した「よそ者」への対策として、進化の過程でこのような2つの状態が生まれたというものです。ご存知のように、寄生というのは、ある生物が他の生物に依存して生きる状態のことをいいます。じつは、ヒトのゲノムの中には、さまざまなウイルスなどのよそ者の遺伝子が入り込んでいるのです。こうしたよそ者の遺伝子に勝手に振る舞われては困ったことになるので、クロマチンの構造変化はその対策を担っているのではないかという仮説です。

ところで、なぜヒトのゲノムの中に「よそ者」の遺伝子が入り込んでいるのでしょうか。ここには、長い進化の秘密が隠されています。次章で詳しく述べますが、地球上の生物はすべて長い進化の結果により作られました。よく「生物が進化した」と言うと、「ポケモンが進化」したり（これは正確には進化ではなく、どちらかというとオタマジャクシがカエルになるような変態です）、あるいは「サルからヒトへ進化」したりするような、積極的な変化のイメージを持っているかもしれません。それは厳密には正しくありません。実際には、生き残るための必要性があって「仕方なく」、さまざまな器官や組織が少しずつ選択により変化していったのです。

同様に、２つのクロマチンの状態も偶然存在するわけではありません。進化の過程で必要に応じて存在するようになったという、しっかりとした意味があります。それが、「よそ者」の遺伝子への対策です。

第１章で紹介したトランスポゾンを覚えているでしょうか。非コード領域には、トランスポゾンと呼ばれる動く遺伝子が大量に存在します。トランスポゾンは自身が移動するための遺伝子（トランスポゼース）を持っています。それが発現すると自分自身を切り出して「動く」、あるいは自身を転写してコピーを作り「増幅」します。トランスポゾンと同じ起源を持つとされるウイルスも、ゲノムに入り込むと同様に振る舞います。そのようにしてゲノムから飛び出した、あるいは増幅したコピーはたまたま他の遺伝子内に入り込み、それを破壊することがあります。もちろん宿主の細胞にとっては危険極まりないことです。そのためこのような寄生した「よそ者」を封じ込める目的でヘテロクロマチンという構造ができたと考えられています。

2·3 非コードDNAを「眠らせる」仕組み

遺伝子は転写、翻訳されてタンパク質が作られることで発現するので、遺伝子の転写が起こりやすい「目覚めた」状態を作り出すユークロマチンは、とても理にかなった状態と言えるでしょう。逆に、転写が起こりにくい「眠ったまま」の状態にするヘテロクロマチンは、自身にとって有害になるかもしれない「よそ者」を封じ込めるために必要なものだと、ここまでで見てきました。

では、ヘテロクロマチンはどのように作られるのでしょうか。ヘテロクロマチン化するためには、「ヘテロクロマチン化酵素」が働きます。ところが、この酵素は、レトロトランスポゾンのように閉じ込めたい一部のＤＮＡ配列だけではなく、その周りの配列までもヘテロクロマチン化を促進してしまいます。そのまま放っておけば、染色体すべてがヘテロクロマチン化してしまうというわけです。

これでは困ったことになるので、染色体にはあらかじめ「境界線」が敷かれており、その境界を越えてヘテロクロマチン化が進まないようになっています。つまり、ここの部分はヘテロクロマチン、ここの部分はユークロマチンといった、ドメイン構造をあらかじめ持っているのです。こうした境界についても、酵母を使った研究を通じて、さまざまなことが分かっています。

まず、酵母の一種である「出芽酵母」のヘテロクロマチン化の仕組みを見ていきましょう。出芽酵母には、a株とα株の２種類の菌（接合型）がいます。これらは、動物でいうと、オスとメスのような役割を持ちます。つまり、a株とα株は接合することで染色体数が２倍（２倍体）になり、栄養条件が悪くなると減数分裂をして胞子（１倍体、単数体）を形成するのです。胞子はまた栄養条件が良くなると分裂を開始します。ヒトでいうと接合は受精に、減数分裂は配偶子（精子、卵）形成に相当します。

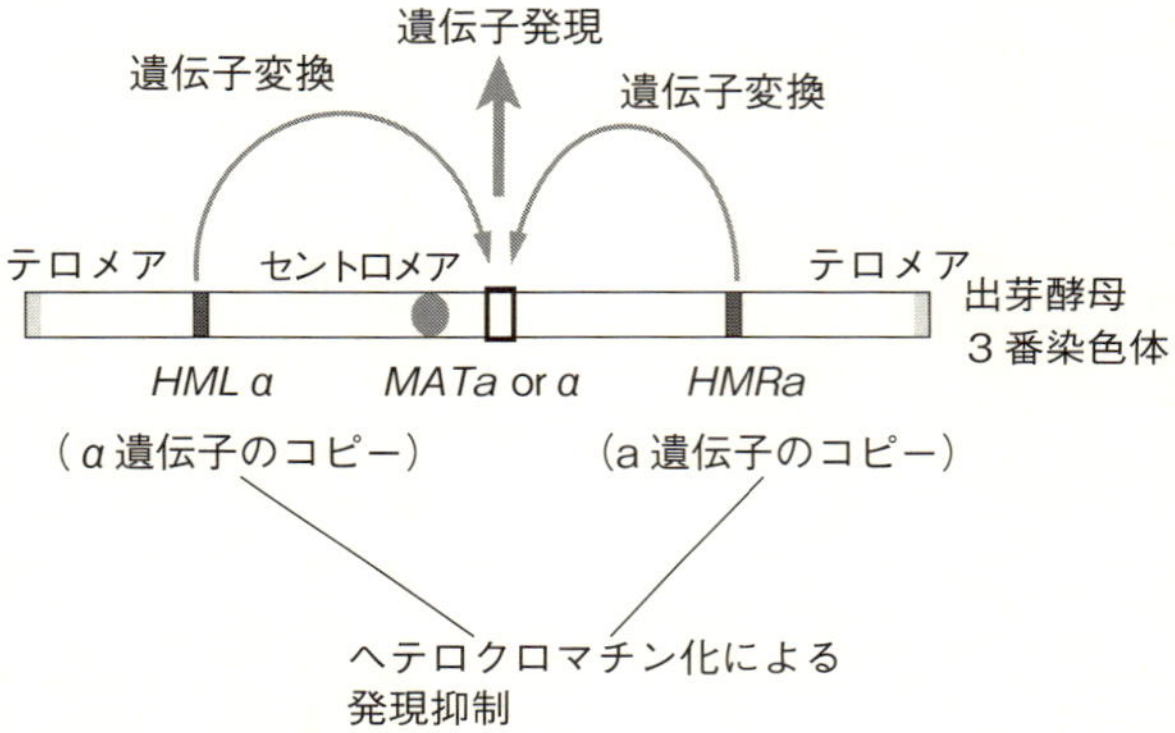

図 2.3　出芽酵母の遺伝子型の変換

ａ株もα株も同じ種類の酵母なので、ゲノムは基本的に同じで、持っている遺伝子も同じです。ところが、1ヵ所だけ違うところがあり、それは接合型変換領域と呼ばれるところです。ａ株ではａタイプ、α株ではαタイプの遺伝子がそこに入っています。1つの細胞は同じ染色体上にａタイプ、αタイプの鋳型遺伝子を持っており、そのどちらかが同じ染色体上の接合型変換領域（ＭＡＴ領域）にコピー（遺伝子変換）されると、そちらの型となります（図2・3）。面白いのは、ａタイプ、αタイプの鋳型遺伝子の染色体領域は、ヘテロクロマチン化されてその発現が抑えられ、接合型変換領域にコピーされた遺伝子のみが転写されることです。

さて、では出芽酵母ではどのようにヘテロクロマチン化が起こっているのでしょうか。

まず、Ｓｉｒ２、Ｓｉｒ３、Ｓｉｒ４の３つのタンパク質からなる複合体（Ｓｉｒ《サーツー》複合体）がＤＮＡの特定の配列に結合し、そこからＳｉｒ２の持つヒストン脱アセチル化作用により周りのヌクレオソームを次々に脱アセチル化することで、ヘテロクロマチン化を進めていきます。放っておけば、どこまでも脱アセチル化が続くはずなのですが、実際には、接合関連遺伝子の境界領域でその連鎖反応が止まってしまいます。また、この境界の外にある遺伝子はヘテロクロマチン化の影響を受けずに普通に機能することから、この境界はヘテロクロマチン化を止めるなんらかの抗ヘテロクロマチン化作用を有すると考えられていました。

そこで隣の遺伝子が発現できなくなった、つまり境界が破壊された変異株を多数単離して、ヘテロクロマチン化をストップさせるために、いったいどのような「壁」が存在するのかが調べられました。その結果、壁には大きく2種類存在することが分かりました。

まずひとつめは「物理的な壁」です。これは物理的な障害によりそれ以上反応を進まなくさせる、文字通りの壁です。この壁は何からできているかというと、ｔＲＮＡ遺伝子がこの役割を担っていることが分かりました。ｔＲＮＡ遺伝子は１００塩基対足らずの非常に小さい遺伝子ですが、その上に常に転写因子が乗っているという特徴があります。このｔＲＮＡ

遺伝子と転写因子を合わせた大きな塊が境界付近にあるために、Ｓｉｒ２によるヒストン脱アセチル化の連鎖反応の障害となっているのでしょう。

さらに「機能的な壁」も存在します。具体的にはヒストンアセチル化作用を持つ酵素が働きかけるのです。Ｓｉｒ複合体はＤＮＡの特定の配列に結合すると、その周囲のヌクレオソームを次々と脱アセチル化していきますが、この酵素が結合することにより、脱アセチル化の連鎖反応が断ち切られるのです。酵母では、主にこの２つの壁が共同してヘテロクロマチンの伸長を防いでいるのです。

2・4 オスの三毛猫がほとんど存在しない理由

それでは、ヒトなどの動物細胞ではどうなっているのでしょうか。

具体的にヘテロクロマチン化が起こっている例を見ていきましょう。ヘテロクロマチン化がもっとも顕著に起こり、古くから知られている現象としては、Ｘ染色体の不活化があります。ヒトの染色体は23対46本あります（図２・４）。これは23対の相同染色体が合計46本存在するということです。相同染色体の１本は母親から、もう１本は父親からもらっていま

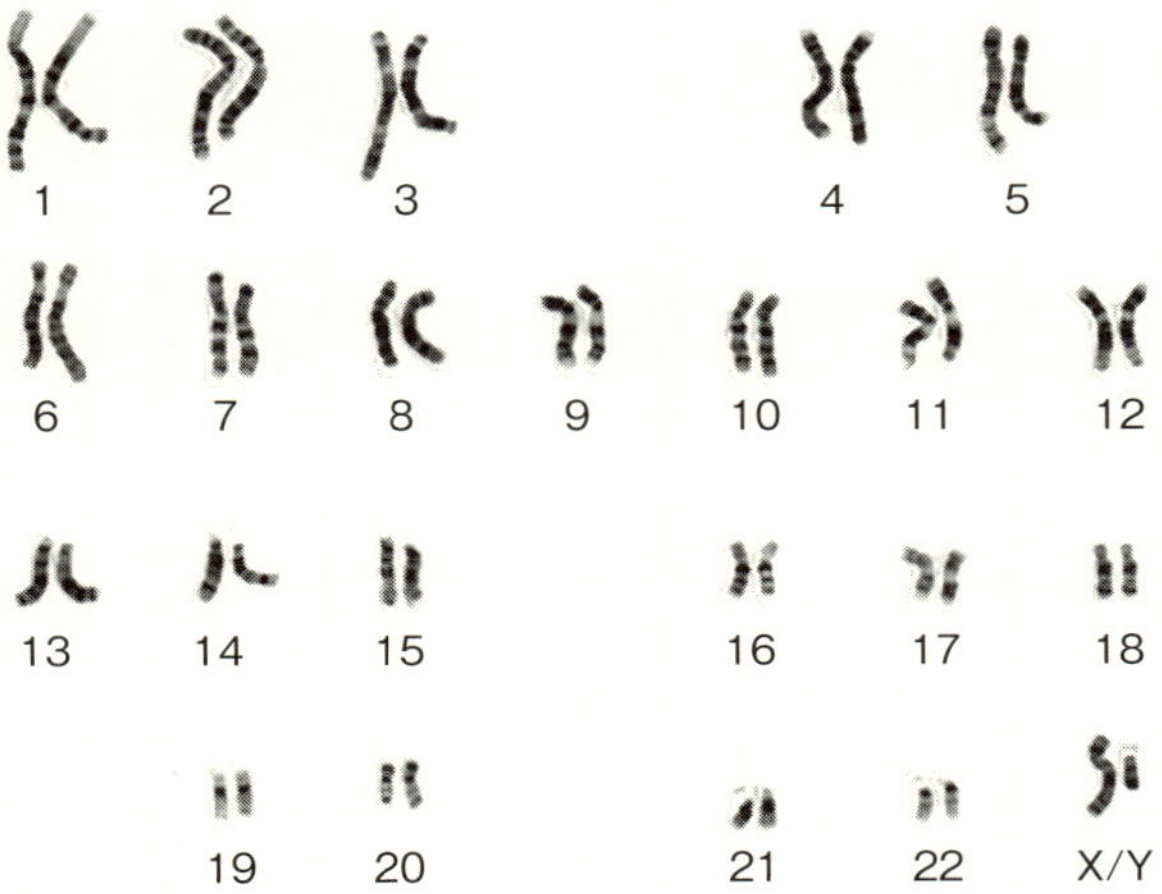

図 2.4　ヒト（男性）の染色体
（出典：National Human Genome Research Institute）

す。厳密に言うとこれは女性の場合で、性別を決める性染色体は、男性ではXYとなっており「相同」ではありません。Y染色体にはSRY遺伝子という生殖腺を精巣に分化させる遺伝子があり、精巣からのホルモンにより「男性化」します。女性にはY染色体がないのでそのまま卵巣ができて「女性化」します。つまりヒトの基本は女性ということになります。

そこで問題となるのは、X染色体の数です。Y染色体には「男性化」に必要な少数の遺伝子しかないのですが、X染色体は他の染色体（常染色体という）と同様に、体を作り生命を維持するための多くの遺伝子が乗っています。女性では2本、男性では1本ありますが、そのままでは女性では、X染色体の遺伝子の発現による産物量が男性の2倍になってしまいます。この性別による発現量の補正を行うために、女性の細胞では2本のX染色体のうち1本が丸ごとヘテロクロマチン化され、すべての遺伝子の発現が抑えられています。これを「X染色体の不活化」といいます。

では、女性のX染色体の不活化について見ていきましょう。2本のX染色体のどちらが不活化されるかは、発生の早い段階で細胞ごとにランダムに決まります。X染色体も他の染色体と同様に、2本のうち1本は父親、もう1本は母親から受け継いでいるので、それぞれが持つ遺伝子は父親由来と母親由来で異なります。正確に言うと、これらはアレル（対立遺伝子）といって、遺伝子の種類は同じですが個人によって性質が若干異なるのです。アレルについては、あとでまた出てきます。

さて、X染色体の不活化の代表例として有名なのが、三毛猫です。白をベースに黒と赤茶（オレンジ）の3色の三毛猫は、基本すべてメスだということをご存知の方は多いかもしれません。三毛猫がオスだろうがメスだろうがどうでもいいではないか、という人もいると思いますが、じつはそうでもありません。置物の招き猫はだいたい三毛猫で、縁起物でもあります（ときどき金色のもありますが）。その中でもオスの三毛猫は滅多に誕生しないので（3万分の1の確率）、古くから航海の無事を招く幸運の猫とされています。もしペットとして値段をつけるとしたら家一軒分くらいの価値になる場合もあるそうです。

これで家の近所にいる三毛猫がオスかメスか興味が湧いてきたことでしょう。そこでX染色体の不活化に話を戻します。猫の毛の色を決める遺伝子は主に3つあります。白は常染色体に乗っていますので、オスとメスの性別に関係なく遺伝します。問題はオレンジ（赤茶）のO遺伝子（大文字のオー）と呼ばれる遺伝子で、これはX染色体に乗っています。O遺伝子の対立遺伝子（アレル）はo遺伝子（小文字のオー）で、これはオレンジにはなりません。

対立遺伝子（アレル）とは、相同染色体の同じ遺伝子座（場所）にある、配列が若干異なる遺伝子あるいは領域のことです。血液型のABOもこれにあたります。必ずしも「遺伝子」というわけではないので、日本遺伝学会では、アレルと呼ぶことを奨励しています。

メス猫の2つのX染色体それぞれにOとoが乗っている場合、不活化がなければOがoに対して顕性（優性、外に現れるという意味）なので、毛の色はオレンジになるはずです。ところが、実際には発生の初期、つまり細胞の数がまだ少ない時期にどちらかの染色体がランダムに不活化（ヘテロクロマチン化）されて、以後一生を通じて固定されます。たとえばO遺伝子を持つ染色体が不活化されたとすると、その細胞では潜性（劣性、O遺伝子があるときには外に現れないという意味）のo遺伝子が働き、そこから分裂で生じる細胞はすべてo遺伝子のみが働くので、その周辺の皮膚の毛の色は黒（地色）になります。結果として毛の色はオレンジと黒と白のモザイク模様になるわけです。

一方、オス猫ではX染色体は1本しかないので、その1本は不活化されないためモザイク模様になりようがありません。そこに乗っている遺伝子によって毛の色が決まるのです。

それでも非常に低い頻度で三毛のオスが生じるのは、生殖細胞の形成時に染色体の不分離が起こり、XXYという3本の性染色体を持つオスが生まれてくることがまれにあるためです。この猫はX染色体を２本持っていますが、Yがあるのでオスとなります。しかも２本のX染色体にO遺伝子とo遺伝子がそれぞれ乗っている場合は、どちらかが不活化されるので三毛猫となるわけです。ただし、XXYの３本の性染色体を持つオスでは、精子形成が正常に行われず不妊となるため、その子どもから三毛猫が生まれてくることはありません。かくしてオスの三毛猫には滅多にお目にかかれないというわけです（図２・５）。

X染色体のように、１本まるまるヘテロクロマチン化される例は他にはありませんが、ヒトの常染色体でも多くの非コード部分がヘテロクロマチン化されています。逆にユークロマチンの部分をいかに維持するかに注意を払っているようにも見えます。

三毛猫のところでお話ししたように、染色体の不活化は発生のごく初期まで起こりません。他の領域についても同様で、たとえばヘテロクロマチンの形成時に見られるDNAのメチル化は、発生初期にはあまり見られません。ところが、発生が進むにつれてメチル化が進み、ヘテロクロマチン形成が起こります。興味深いことに、このとき、核内での染色体の存在位置も変化します。マウスを例に、具体的に見ていきましょう。

マウスでは、受精後５日目の着床前に、胚盤胞と呼ばれる１００個程度の細胞からなる袋状の構造ができてきます。胚盤胞の内部には、たくさんの細胞の塊があります。これらは、

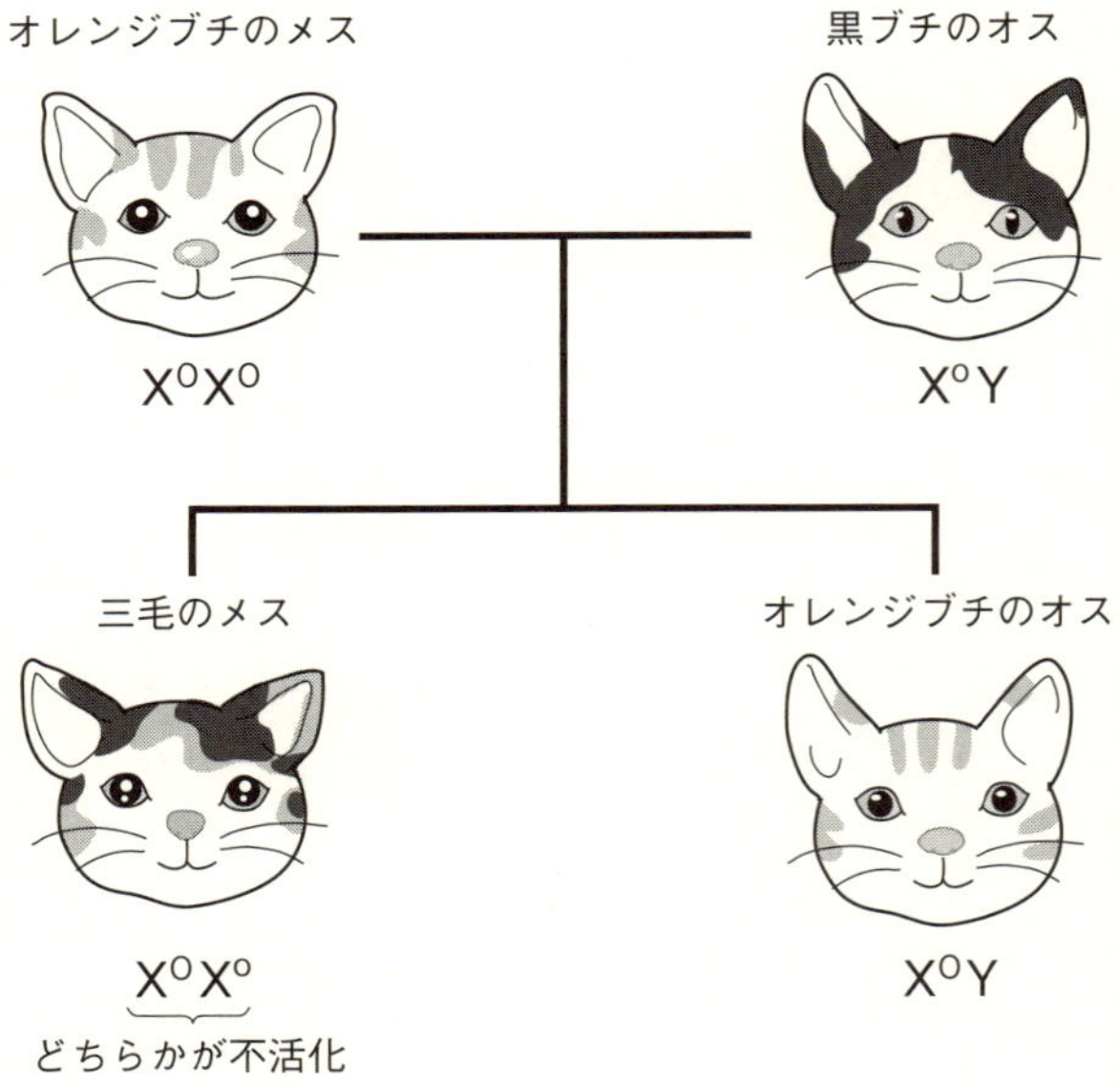

図 2.5　三毛猫の毛色の遺伝

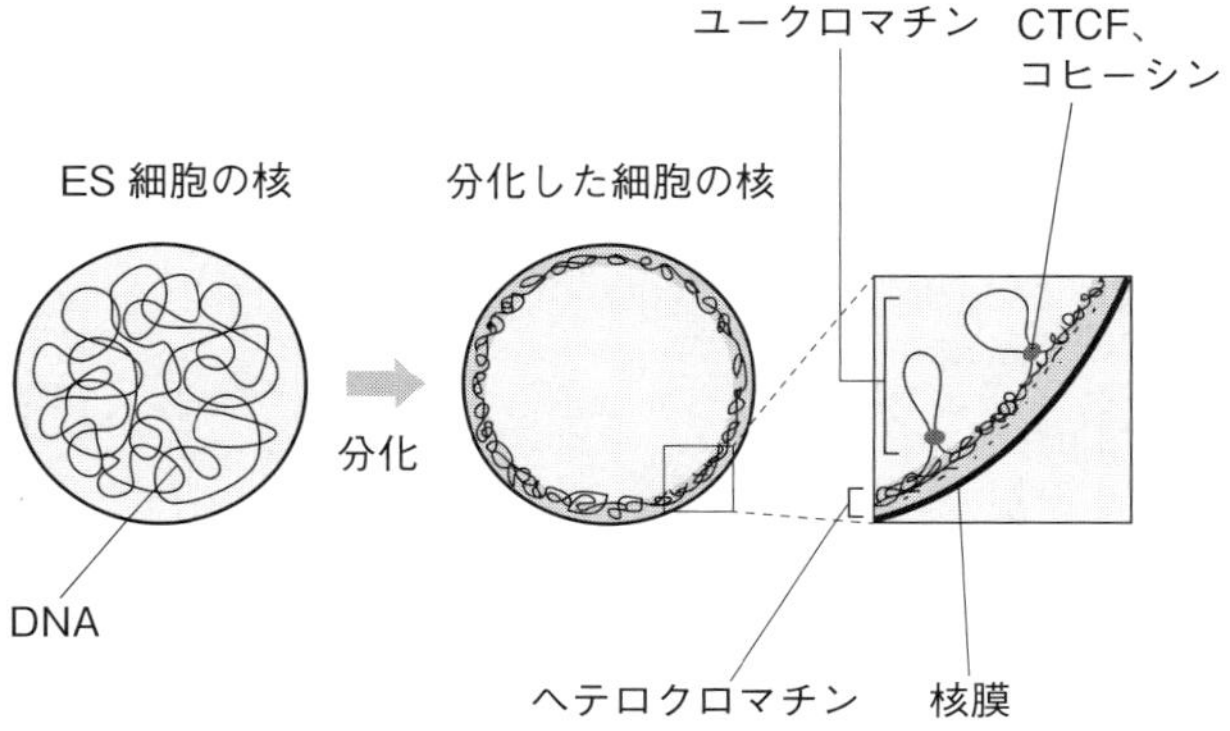

図 2.6　細胞核内での DNA の位置変化

将来ほとんどの体の組織を生み出すもととなる、胚性幹細胞（ES細胞）と呼ばれる多能性幹細胞です。このES細胞の名前は、ニュースなどで耳にしたことがあるかもしれません。ES細胞はまだ未分化の状態なので、ここから人工的にさまざまな組織に分化誘導することができます。つまり、ES細胞から肝臓や腎臓といった組織や臓器を作り、移植することもできるようになるわけです。将来は再生医療での活用が期待されています。

さて、このES細胞の染色体では、ヘテロクロマチンの割合が小さく、多くの遺伝子が転写を行える、まさにマルチな状態にあります。核内のDNAの分布を見ても、転写因子やクロマチンリモデリング因子と呼ばれるクロマチン構造をオープンにするタンパク質とともに核内にほぼ一様に存在し、まさに準備万端の状態にあるのです。

これが、発生が進み分化が進むにつれて、ＤＮＡのメチル化が増え、非コードＤＮＡ領域にはヘテロクロマチンが形成されてきます。すると核内のＤＮＡの位置も変化し、徐々に核膜付近に移動します。分化した細胞で働いている遺伝子には、ＣＴＣＦやコヒーシンなどの「境界」形成をするタンパク質により隔離され、ヘテロクロマチン化を逃れているものもあります（図２・６）。

2·5 遺伝子の発現に関わる非コードＤＮＡ

先に述べたように、非コードＤＮＡ領域の多くはヘテロクロマチン化されて、休眠状態となっています。ところが、最近、この領域が非常に面白い機能を持っていることが分かってきました。そのあたりの話は後半の楽しみに取っておくとして、まず、働きがよく知られている非コードＤＮＡ領域による遺伝子調節の話をしましょう。

非コード領域の中心機能のひとつは、コード領域つまり遺伝子の発現とその調節です。ま

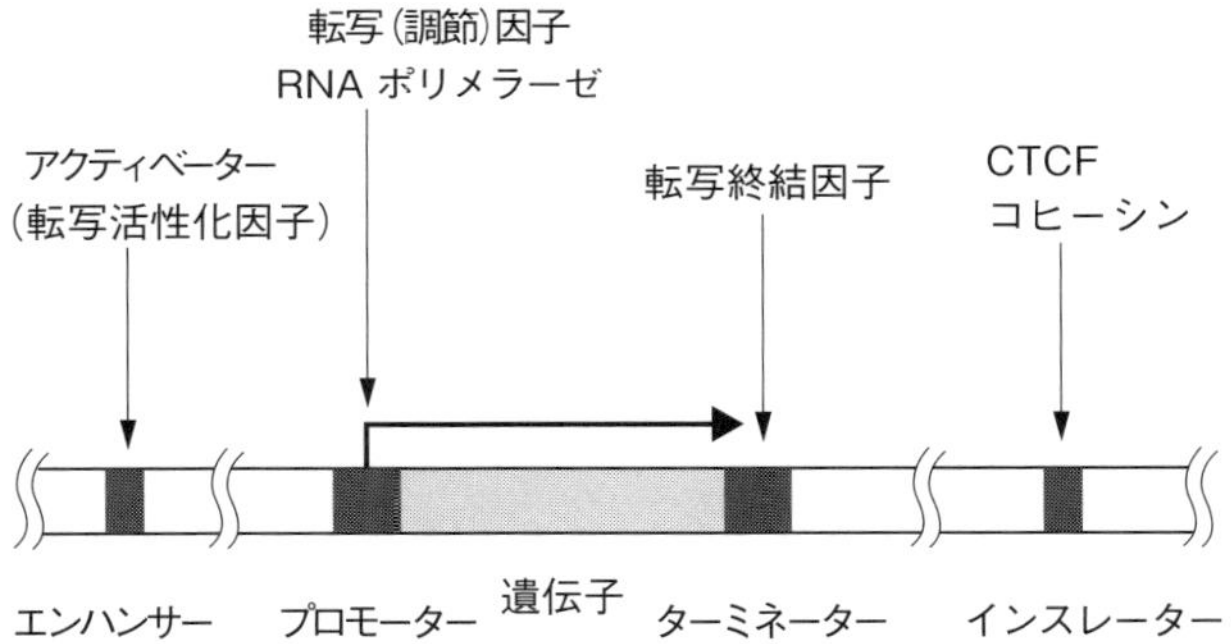

図 2.7　転写調節に関わる非コード DNA 配列

ず、遺伝子の発現に関わる遺伝子領域の構成を見ていきましょう。遺伝子のすぐ前（上流といいます）に位置するのは、プロモーターと呼ばれる領域です。ここは、ＲＮＡ合成酵素（ＲＮＡポリメラーゼ）が結合する配列で、50〜数百塩基の長さがあります。さらにその隣には、特異的な転写因子の結合配列があります。前節で述べたように、そのさらに上流にはクロマチンリモデリングに関わる領域と、さらにそこから離れた場所にエンハンサーという転写を高める配列があります（図２・７）。エンハンサーは数千塩基対から遠いものでは数百万塩基対以上離れているものもあり、それらは核の中で折れ曲がり、エンハンサー結合タンパク質を介してプロモーターに接しています。

遺伝子が発現するためにまず起こるのが、ＤＮＡ配列をもとにｍＲＮＡが作られる転写です。この転写の調節は、まさに遺伝子の司令塔的な役割を担っています。発生段階では形態の形成に関わり、また組織が分化した状態では、特定の遺伝子発現を維持しているのです。

実際の遺伝子を例に、転写調節の具体的な働きを見ていきましょう。発生の際に、体節(体の前後軸)形成に働くHOX遺伝子群というものがあります。これは、いくつかの遺伝子が固まって存在するクラスター構造をとっており、転写が活性化される順番、つまり頭からお尻の方向に並んでいます(図2・8)。それぞれの遺伝子は転写因子をコードしており、それらの多くはホメオボックスと呼ばれるDNA結合領域(ドメイン)を持ちます。たとえば、1番の遺伝子が発現し頭部形成に関係する遺伝子のプロモーターに結合し、それらの発現を誘導します。次に隣の2番の遺伝子は、頭部の少し尻尾寄りで発現し、そのあたりの形成に関わる遺伝子を活性化します。このように、遺伝子の配置と体での発現部位が対応しているわけです。

ところで、HOX遺伝子では、複数のホメオティック(突然)変異が知られています。有名なのはハエのアンテナペディア変異で、この突然変異が起こると、頭部の触角(アンテナ)はペディア(脚)に変化するのです(図2・9)。興味深いことに、このHOX遺伝子群の配置および発現パターンは、無脊椎動物のハエから脊椎動物のヒトに至るまで同様に見

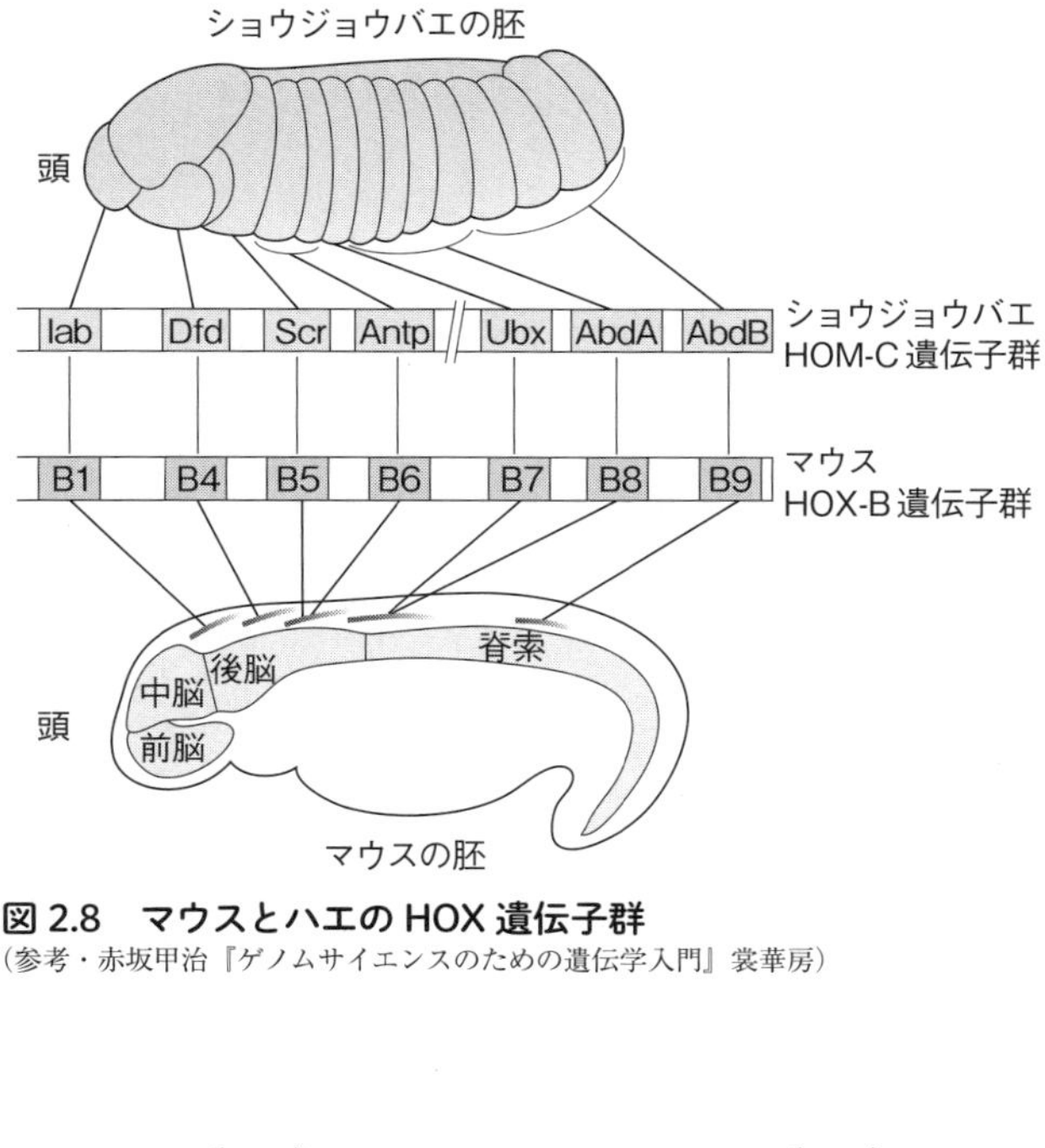

図 2.8　マウスとハエの HOX 遺伝子群
（参考・赤坂甲治『ゲノムサイエンスのための遺伝学入門』裳華房）

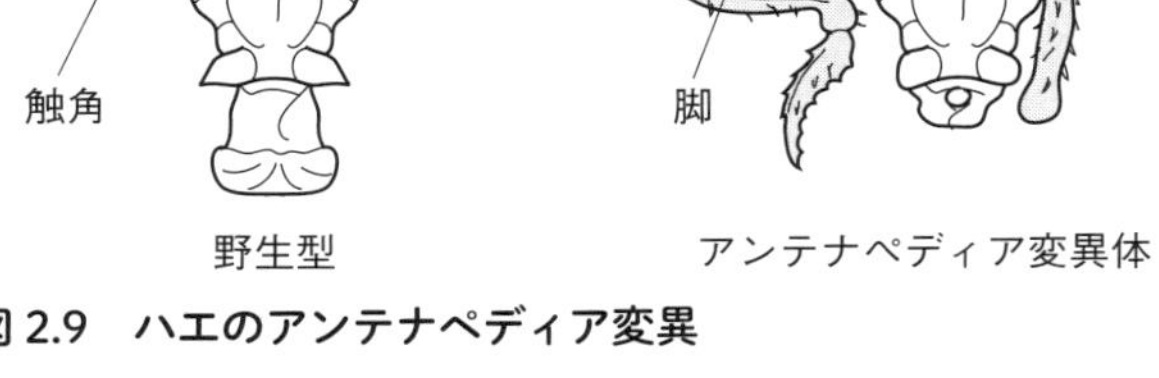

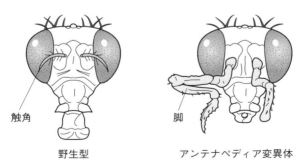

図 2.9　ハエのアンテナペディア変異

られます。つまり、ハエもヒトも、体節を持つ原始的な共通の祖先を持っていると言えるでしょう。

また、転写調節では転写をオンにするだけではなく、減衰させる働きがあるインスレーターと呼ばれる配列もあります。前節で出てきたＣＴＣＦも、コヒーシンと呼ばれるリング状のタンパク質とともに活性化された数個の遺伝子をループ状に取り囲み、ヘテロクロマチンとの境界領域を形成することで、不必要な遺伝子の転写を防いでいます。

ヒトや植物細胞の遺伝子には、タンパク質をコードするエクソンに加えて、非常に大きなイントロンと呼ばれる非コードＤＮＡ配列が存在します。イントロンは遺伝子が転写された後、核膜孔付近でスプライシングにより切り取られ、エクソンのみが細胞質に運ばれてタンパク質に翻訳されます。なぜ切り取られて捨てられる配列がたくさんあるのか長年の謎でしたが、最近の研究から、だんだんその正体が分かってきました。本書の後半で紹介いたします。

転写調節領域は遺伝子の発現の時期と量のみならず、遺伝子を転写し始める位置も変化させます。たとえば、ヒトの遺伝子数はゲノムプロジェクトで約2万2000個見つかっています。これは単純に約2万2000個のタンパク質を作れるということになりますが、実際に生体内に存在するタンパク質はそれよりもかなり多く、10万種類とも言われています。これは、１つの遺伝子から、選択的なスプライシングにより複数のタンパク質が作られるためです。選択的スプライシングとは、イントロンを切り取ってエクソンをつなぎ合わせる際に、どことどこのエクソンを使うかによってｍＲＮＡの構成にバリエーションを持たせる仕組みです。この選択的スプライシングの情報も、非コード領域に存在します。以上のように遺伝子発現は非コードＤＮＡ領域によって制御されているのです。

2・6 ＤＮＡ複製に関わる非コードＤＮＡ

上で述べた遺伝子の発現の調節に関する非コードＤＮＡ領域の役割は、染色体の持つ「ソフトウェア」的な部分です。ゲノムを設計図にたとえれば、そこに書かれている内容に相当します。それ以外にも非コードＤＮＡ領域の「ハードウェア」的な、つまり設計図の複製、折りたたみ方、保存などに相当する役割も存在します。ここではまず複製についてお話しします。

まずはじめに、細胞が持つゲノムについておさらいしましょう。ヒトには約37兆個の細胞があります。細胞の姿・形・機能は千差万別ですが、持っているゲノムはすべて同じです。つまり、いずれの細胞もゲノムという設計図はフルセットで持っていますが、使われるページ（情報）が細胞の種類によって違うというわけです。どこの情報を使うかといった選択は、前節で説明した転写調節機構が行います。

ところで、どの細胞もフルセットの設計図であるゲノムを持っていることは、1962年に生物学者のジョン・ガードンが行った有名な核移植実験によって明らかにされました。それまでは、受精卵が持っているような、その個体まるまる作れる遺伝情報を、それぞれの組織や臓器の細胞として分化した後の細胞も持っているのかどうか、よく分かっていませんでした。というのも、いったん特定の組織や臓器の細胞として分化した細胞は、通常は他の組織や臓器の細胞に変化したり、もとの未分化な状態の細胞に戻ったりはしません。分化することで、ゲノムに含まれる情報の一部が徐々に失われても不思議ではない、と考えられていたのです。

しかし、イモリなどいくつかの生物では、一度失われた手足や眼のレンズがもとに戻る「再生現象」が知られていました。そこでガードンは、アフリカツメガエルのオタマジャクシの小腸の上皮細胞（これはすでに分化した細胞です）の核のみを取り出し、その核をこん

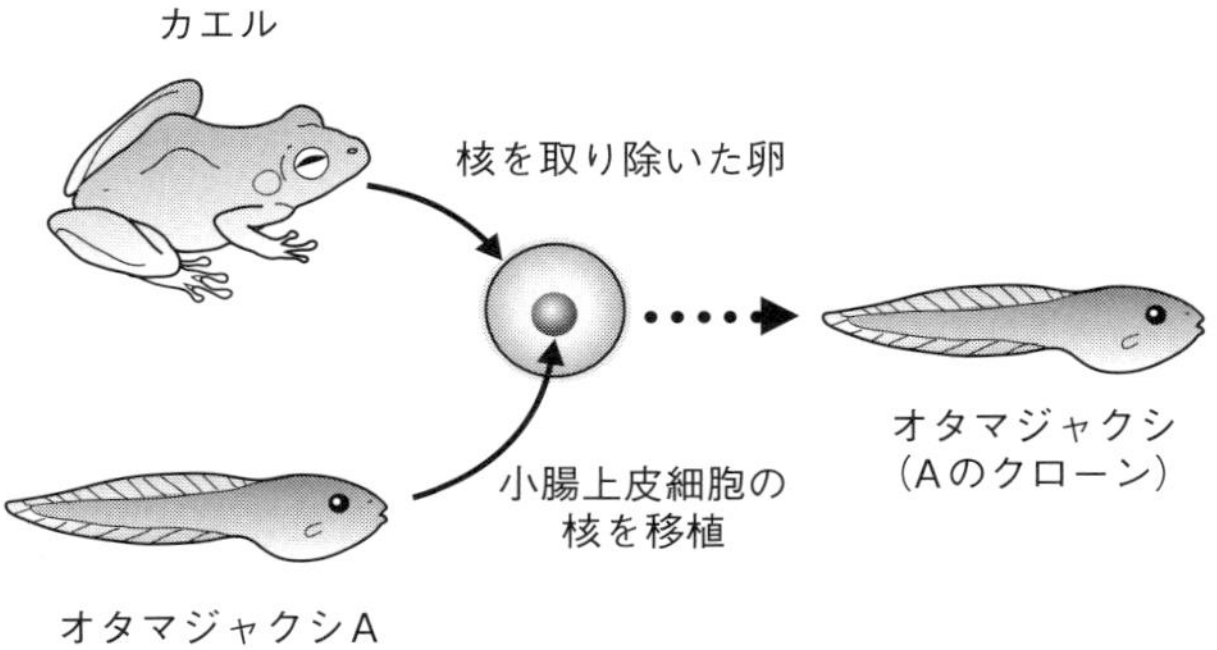

図 2.10　ガードンの核移植実験

どは核のみを取り除いた受精卵に移植する実験を行いました。すると、一部の移植卵はそのまま発生して、オタマジャクシにまで成長したのです（図２・10）。この移植卵の核は、すでに分化した小腸の上皮細胞のゲノムを持っています。そのため、この実験によって、分化した細胞も、受精卵からオタマジャクシに成長するのに必要な大部分のゲノムを維持し続けていることが分かったのです。

じつはこの実験は、いったん分化した細胞の核を、再び分化する前の状態に戻すことができることも意味しています。つまり、いったん分化した細胞の核を卵の細胞質に移植することで、分化した状態を忘れて初期化され、ある程度未分化の状態に時間を逆戻りさせることができるというわけです。１９９６年には、イギリスのウィルムットが同様の核移植実験を羊で成功させ、その後さまざまな哺乳動物でもできるようになりました。

このように、生殖細胞以外の細胞（体細胞）から作られた生物は、核を提供した個体と同一（クローン）のゲノムを持っています。このクローン技術は未だ確立した技術ではなく、寿命が短かったり、健全な個体が得にくかったりする場合があるなど、まだ多くの課題があります。

さて、山中伸弥が開発したiPS細胞も同様に、分化した細胞を初期化する技術を使っています。この場合は核移植ではなく、4つの遺伝子（山中4因子）を細胞の中に入れることにより、分化した細胞をある程度未分化の状態に戻しiPS細胞を作ります。このiPS細胞はES細胞のように、誘導物質を添加することによりさまざまな組織の細胞に分化させることができ、将来再生医療への活用が期待されている技術です。ガードン、山中両博士は、細胞の初期化技術の開発で2012年にノーベル生理学・医学賞を受賞しています。

脱線しましたが、DNAの複製に話を戻します。クローン生物が作製できるということは、どの細胞にもゲノムがフルセットで維持されているというだけでなく、DNAの複製（設計図のコピー）がかなりの精度で行われて、正確に維持されていることを意味しています。一般に、DNAの複製は、細胞が分裂して1つの細胞から2つの細胞ができる前に起こります。このＤＮＡ複製についても、非コードＤＮＡ領域が重要な役割を担っています。

では、この複製はどこからどのようにして始まるのでしょうか。ヒトのゲノムでは、非コード領域に複製開始点と呼ばれる数千〜数万塩基対からなる領域が存在し、そこから細胞周期のＤＮＡ合成期（Ｓ期）に複製が開始します。しかしヒトでは複製開始配列がまだ正確に決まっておらず、開始機構についてはよく分かっていません。そこで、ここで例によって酵母の手を借ります（酵母に手はありませんが）。

酵母もヒトと同様に、非コード領域に複製開始点があります。それもわずか11塩基対の決まった「複製開始配列」から複製を始めます。まず、複製開始配列にＯｒｃ（オーク）と呼ばれる複製開始タンパク質複合体が結合します。そこにＤＮＡヘリカーゼという酵素が呼び寄せられ、ジッパーのようにして２本鎖ＤＮＡを１本鎖に開きます（図２・11）。

次に、１本鎖ＤＮＡを鋳型として、そこに相補的な新しい鎖を合成していくわけですが、このときまず、プライマーゼという酵素が短いＲＮＡ鎖を合成します。続いてＤＮＡ合成酵素（ＤＮＡポリメラーゼ）が１本鎖ＤＮＡにくっつき、ＤＮＡを合成していきます。この合成はグアニン（Ｇ）に対してはシトシン（Ｃ）、アデニン（Ａ）に対してはチミン（Ｔ）といった具合に、決まった塩基が２本鎖それぞれに対合するため、結果的に同じ配列のＤＮＡ

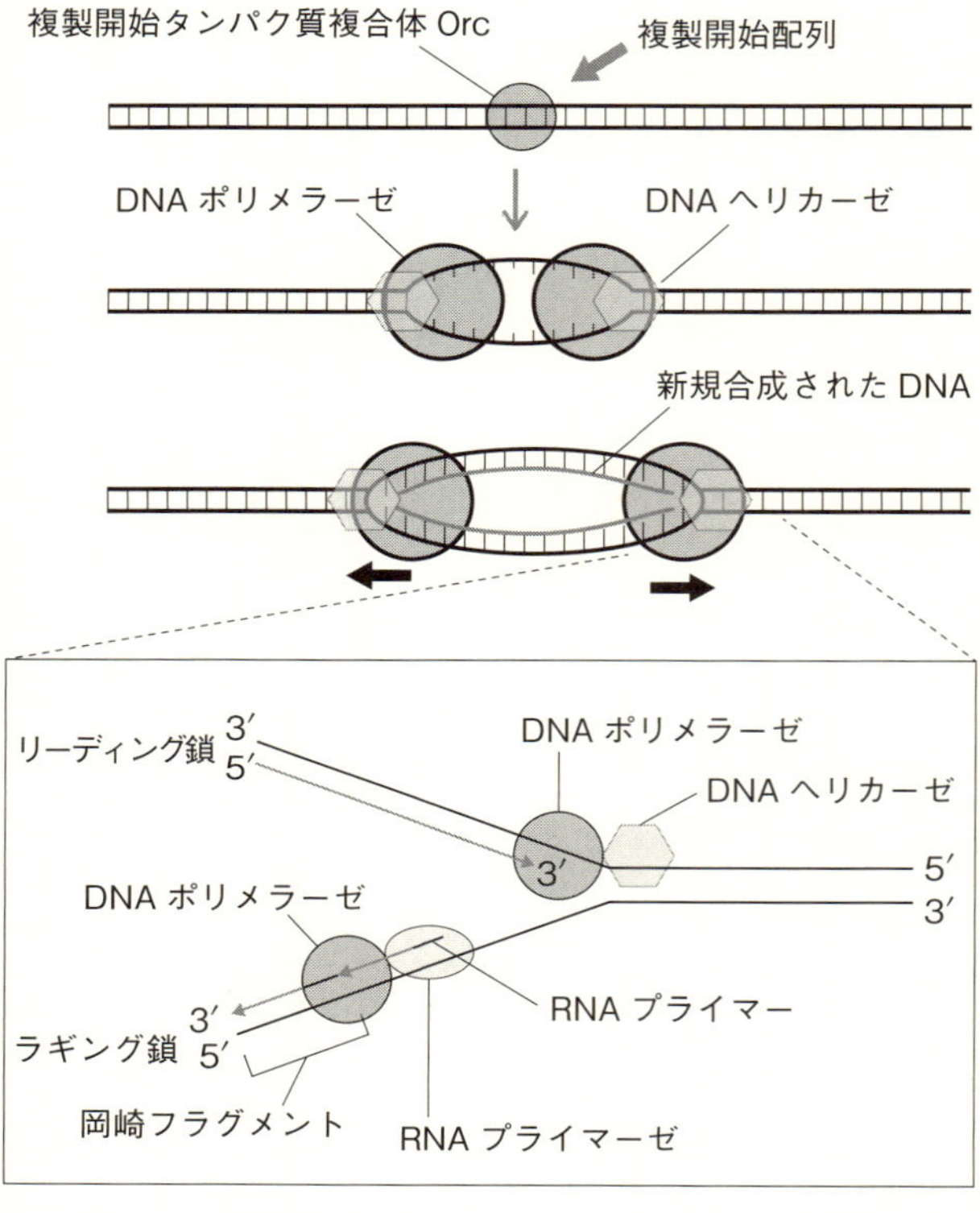

図 2.11　DNA の複製開始と、リーディング鎖・ラギング鎖合成

が２つできます（第１章図１・４参照）。

このとき、単純に２本鎖ＤＮＡから開いた１本鎖ＤＮＡ２本のそれぞれが同じように対合するＤＮＡ鎖になるかというと、じつはそうではありません。少し複雑ですが、この２本はそれぞれ逆の方向からＤＮＡ鎖が作られるようになっています。

詳しく見ていきましょう。ＤＮＡポリメラーゼには、ＤＮＡの重合反応時にデオキシリボースの3′位のＯＨにのみヌクレオチドを付加することができるという性質があります（図２・12）。これは鋳型となるＤＮＡの方向とは逆になります。そのため、２本鎖のうち１本は、複製の進行方向と同じ方向にＤＮＡポリメラーゼが連続合成して進んでいけますが（リーディング鎖合成）、逆の鎖は鋳型鎖も逆なので、複製と同じ方向には進んでいけません。たとえていうなら前向きにしか歩けないＤＮＡポリメラーゼが、後ろ向きに歩かざるをえない状況なわけです。

この解決策として次のような方法を細胞は作り出しました。それは、一定の間隔を置いて少し前方に、ＤＮＡポリメラーゼの歩き出す起点となる「ＲＮＡプライマー」を設置し、そこから前向きに歩いて「戻ってくる」仕組みです（図２・11下）。結果として、不連続な小さな断片が複数合成されることになります（ラギング鎖合成）。この断片は１９６７年に名

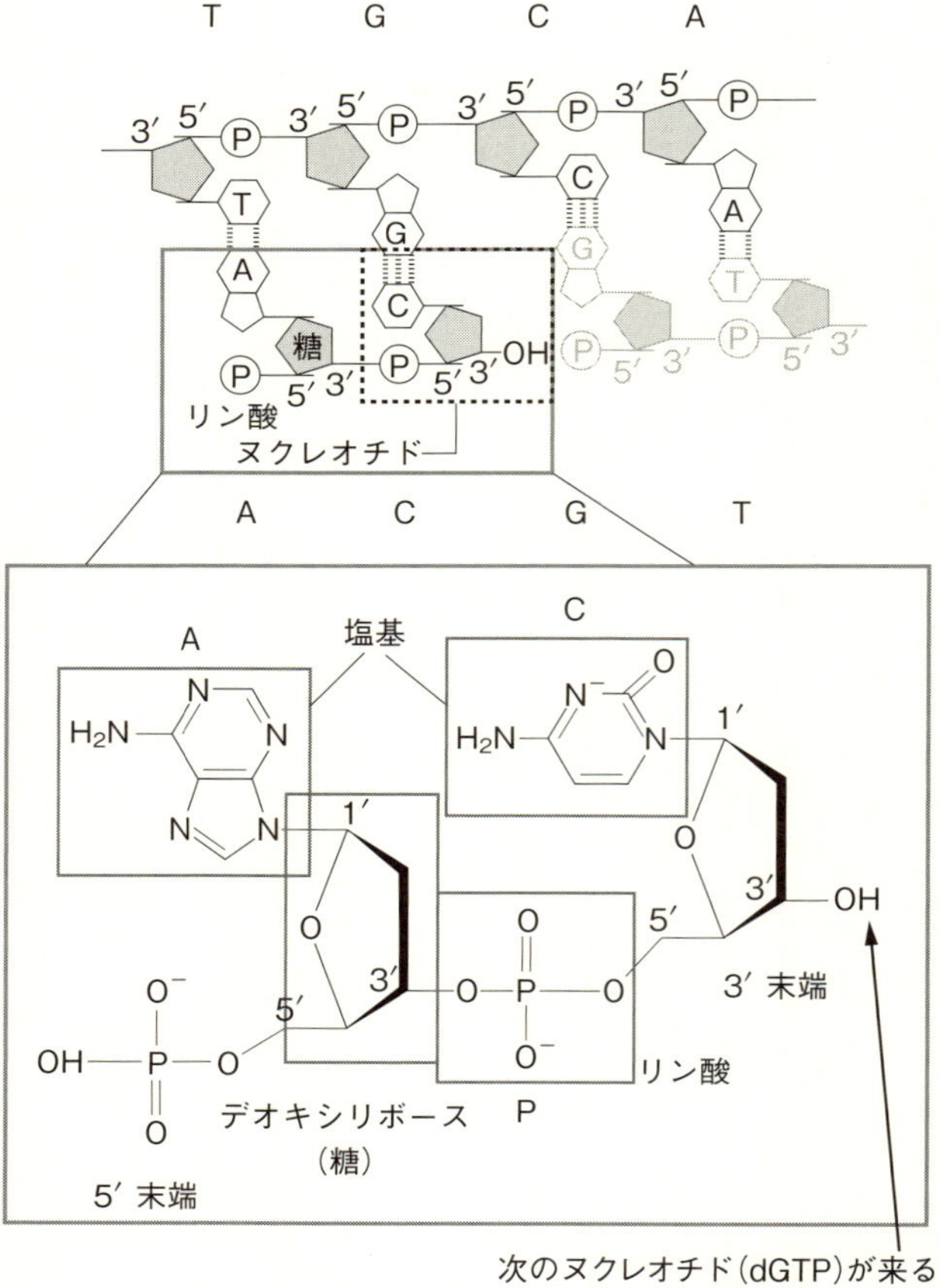

図 2.12　DNA 複製には方向性がある

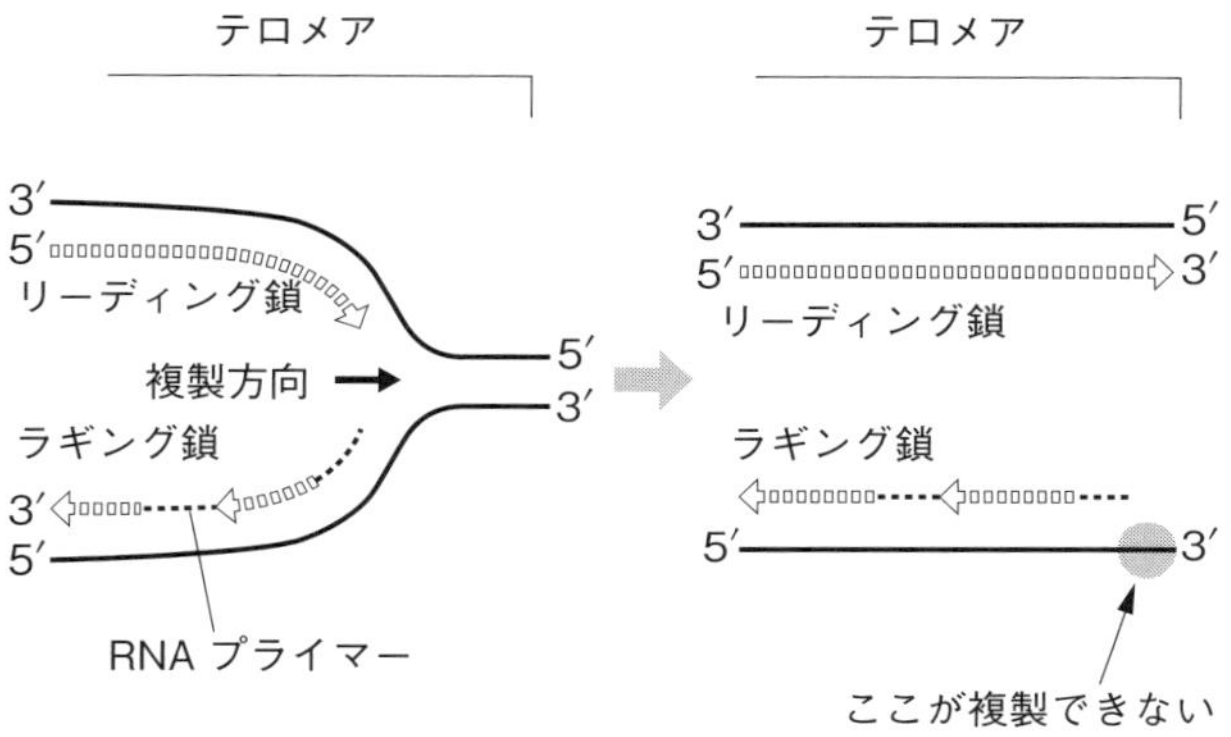

図 2.13　テロメアは合成できない

古屋大学の岡崎令治・恒子夫妻によって見つけられたことから、「岡崎フラグメント」と名付けられています。その後、岡崎フラグメントはプライマー部分のＲＮＡが除かれて、隣の岡崎フラグメントと結合することでラギング鎖側の複製は完成します。

ＤＮＡ複製は、複製開始点から始まると先ほど述べましたが、じつは複製開始点以外にも複製を開始する領域があります。それは染色体の末端のテロメアと呼ばれる配列です。ここにはテロメアリピートと呼ばれる６塩基対（ヒト）の繰り返し配列が、ヒトの染色体では１０００回ほど繰り返して存在します。先に述べたように、２本鎖ＤＮＡのうちラギング鎖の合成が前方にＲＮＡプライマーを置いてそこから後戻りするため、染色体の末端では、RNAプライマーが置けないか、あるいは、置けたとしてもそれを取り除くことができません（図2・13）。つまりどうしても端っこが複製できず、細胞分裂をして複製を繰り返すたびに短くなっていくのです。

それでは、テロメアが短くなった細胞はどうなってしまうのでしょうか。テロメアの半分を失った細胞は、「細胞老化」という増殖停止のプロセスに入ります。これは不可逆的な反応で、後戻りはできず、やがて分裂が完全に停止し最終的に死んでしまうのです。つまり、1つの細胞が分裂できる回数には限りがあるということを意味しています。表に示したように、それぞれの組織で、細胞は一定の期間で老化し体から取り除かれます（図2・14）。たとえば皮膚の老化した細胞は「垢」となって剝げ落ちます。

しかし、毎日お風呂で垢を洗い流しても腕が細くなることはありませんね。それは、新しい細胞がどんどん作られ、老化した細胞に取って代わるためです。この新しい細胞を生み出す細胞が「幹細胞」です。幹細胞は、私たちが生きている間ずっと分裂することができる、寿命の長い細胞なのです。

幹細胞の寿命が長いのは、DNA複製をして細胞分裂をしても、テロメアが短くならない仕組みが備わっているためです。テロメアリピートと同じ配列のRNAを持つテロメラーゼ

腸上皮細胞	1〜2日
皮膚細胞	1ヵ月
血液細胞（赤血球）	4ヵ月
骨細胞	10年

図 2.14　各組織の細胞の寿命

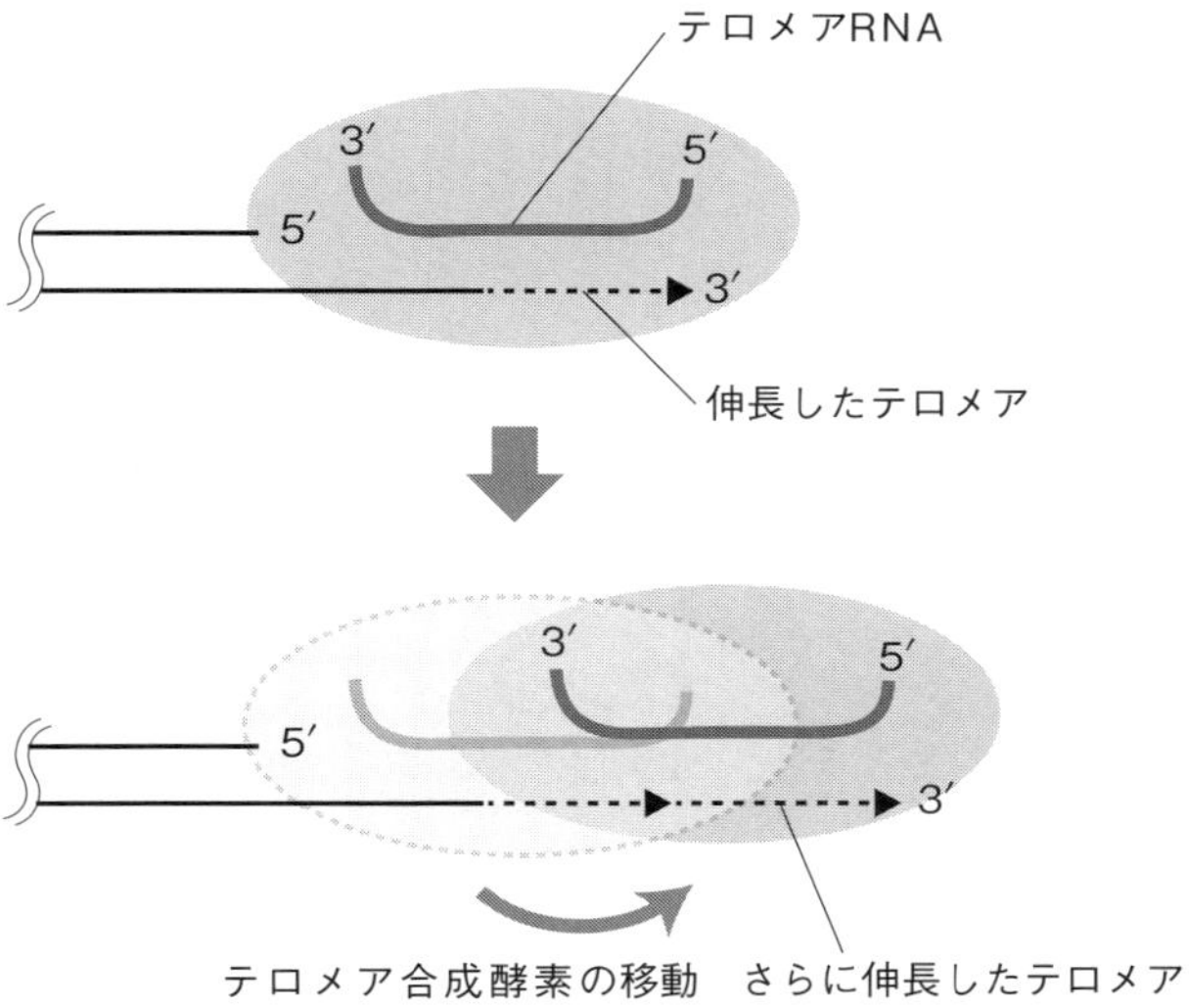

図 2.15　テロメラーゼによるテロメアの伸長メカニズム

と呼ばれるテロメア合成酵素が、そのRNAを鋳型として染色体の3′末端を延長していきます（図2・15）。テロメアの合成反応は、幹細胞以外にも生殖細胞でも起こっています。これもまたテロメアという非コードDNA領域のスゴ技といえるでしょう。

2・7 染色体の分配に関わる非コードDNA

さて、細胞分裂では1つの細胞から2つの新しい〝娘〟細胞が作られます。そのため、複製して2倍に増えたDNAを2つに分配する必要が出てきます。そこで、細胞の中では、DNAの複製が終了すると、次に染色体が凝縮して、2つに分配されていきます。では、染色体が凝縮して分配されるという、染色体の移動には、非コードDNA配列はどのように関わっているのでしょうか。

まず、染色体の凝縮に関わる非コード配列は、じつはまだよく分かっていません。というよりも、染色体の凝縮に関わる配列情報としては、キッチリと決まったものはないと考えられています。

いったいどういうことでしょうか。例を2つ紹介します。まずはまた酵母の力を借りましょう。出芽酵母ではリボソームＲＮＡ遺伝子で染色体の凝縮を観察しやすいので、そこを例に見ていきます。

リボソームＲＮＡ遺伝子は、同じ遺伝子が１００回以上繰り返して存在するという特殊な構造をしています。染色体の凝縮には、「コンデンシン」という折りたたみタンパク質が関わることが知られています。そこで、「クロマチン免疫沈降法（チップアッセイ）」という検出方法を用いて調べると、コンデンシンは、このリボソームＲＮＡ遺伝子の非コード領域に集中して結合していることが分かります。つまり、この場合、非コード領域そのものが、凝縮に必要なコンデンシンのくっつく場所を決めていることになります。

では、コンデンシンの量を減らすとどうなるのでしょうか。リボソームＲＮＡ遺伝子の折りたたみがうまく起こらず、凝縮が不完全となります。その結果、ＤＮＡ複製後の２本の姉妹染色分体はこんがらがったまま、それぞれの染色体が両極に移動しようとするため、分かれかけた染色体同士が糸でつながったような「染色体ブリッジ」と呼ぶ状態になります。最終的には、細胞が分裂するときにそこで引きちぎられてしまい、染色体の一部が失われてしまいます（図２・16）。

もうひとつはヒトの例です。遺伝病、つまり親から子へ伝わる可能性のある病気のひとつ

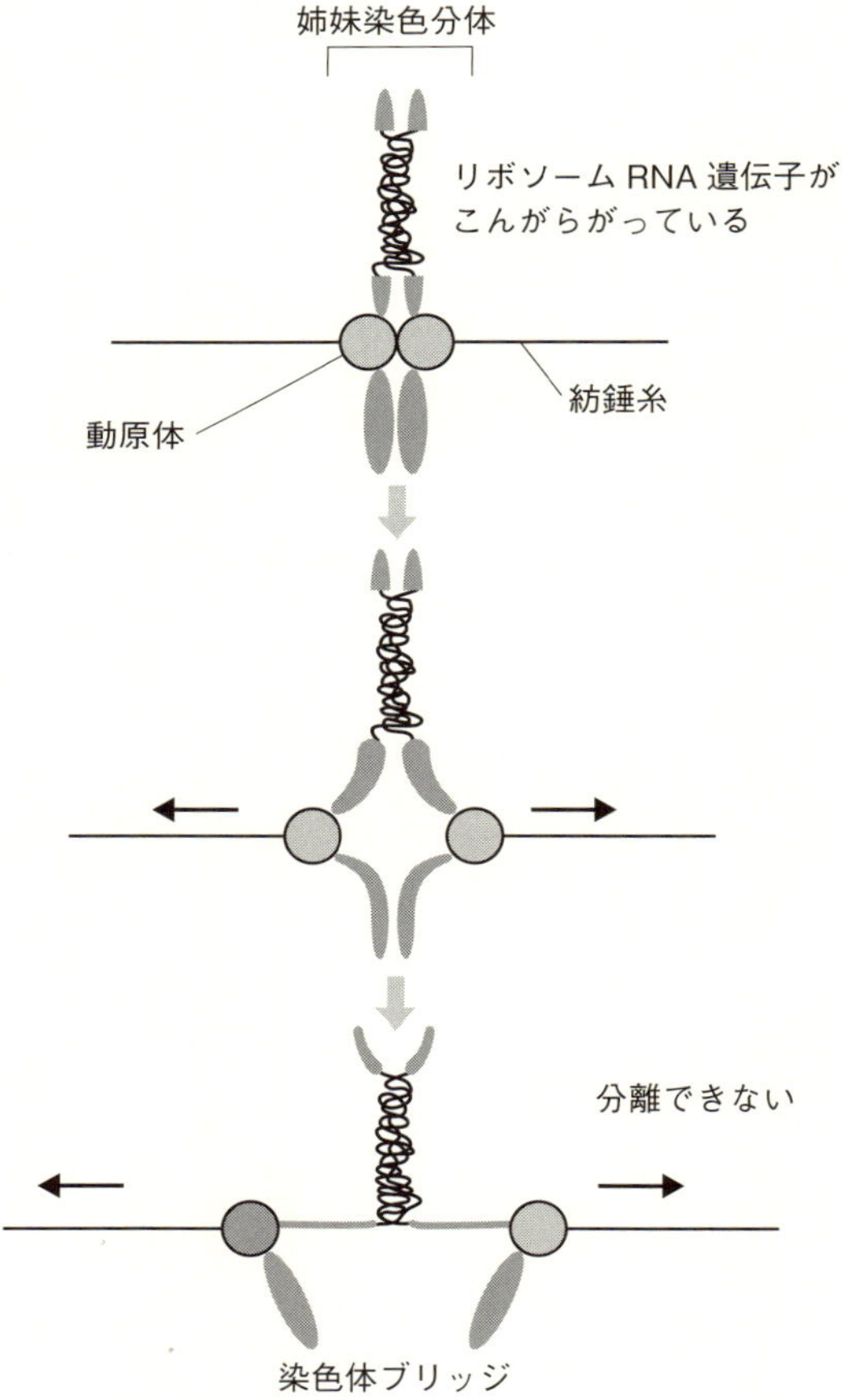

図 2.16　染色体ブリッジができる仕組み

に、脆弱《ぜいじゃく》Ｘ症候群というのがあります。この病気は男の子に多く、精神発達障害を起こします。原因は、Ｘ染色体に存在する神経の形成に関わるＦＭＲ１遺伝子の発現量の低下です。

ではなぜ、ＦＭＲ１遺伝子の発現量が低下するのでしょうか。その原因は、ＦＭＲ１遺伝子のプロモーター付近にあるＣＧＧという配列の増幅です。

脆弱Ｘ症候群ではない正常なヒトでも、ＣＧＧのリピートは50個程度までは存在します。ところが脆弱Ｘ症候群の場合、後述する増幅組換えやポリメラーゼのスリップ現象によりＣＧＧ配列が複数回複製されます。その結果、リピートが１００個以上になると、非コードＤＮＡ領域の作用により細胞が異常な「異物配列」と認識し、ヘテロクロマチン化してしまいます。ヘテロクロマチン化とは、遺伝子が発現しにくくなる「眠った」状態でしたね。つまり、ＦＭＲ１遺伝子のヘテロクロマチン化が起こることにより、ＦＭＲ１のタンパク質が正常に作られなくなり、その結果神経の形成が阻害されて病気になるというわけです。

さらに興味深いことに、２００コピー以上に増幅したＣＧＧリピートは細胞分裂時にうまく凝縮されず、細長い糸状の構造をとります。それが「脆弱（こわれやすい）」の名前の由来となっています。ただし、ヒトの染色体にはヘテロクロマチンは他にもたくさんあります。ということは、ヘテロクロマチン化すること自体が凝縮を妨害しているとは考えにくく、脆弱X症候群ではおそらく、凝縮に関わる非コード配列がCGGリピートの増幅により破壊されたと想像されます（図2・17）。

ここまで見てきたように、凝縮に関わる明確な非コード配列が分かっているわけではありませんが、凝縮が起こる分子機構としては、先ほども出てきた折りたたみタンパク質のコンデンシンがメインプレーヤーとして働いています。コンデンシンとよく似たリング構造を持つコヒーシンと呼ばれるタンパク質は、DNA複製後に姉妹染色分体をつなぎとめる働きがあります（図2・18）。ともに染色体をつなぎとめたり、束ねたりしていると考えられています。このとき、細胞内でのエネルギーのやりとりに使われるアデノシン三リン酸（ATP）のエネルギーを使い、物理的にタンパク質が開いたり閉じたりすることで、染色体をつなぎとめていると考えられています。

染色体の凝縮にはコンデンシンやコヒーシンが働いていますが、この凝縮の程度、つまり染色体をつなぎとめたり束ねたりする力の強さは、いったいどのように決まるのでしょうか。

たとえば、イモリの仲間には1本の染色体の長さがヒトの一番長い染色体（第1染色体）の10倍近くあるものがいます。ヒトと同じ凝縮率では、とても染色体をコンパクトにするこ

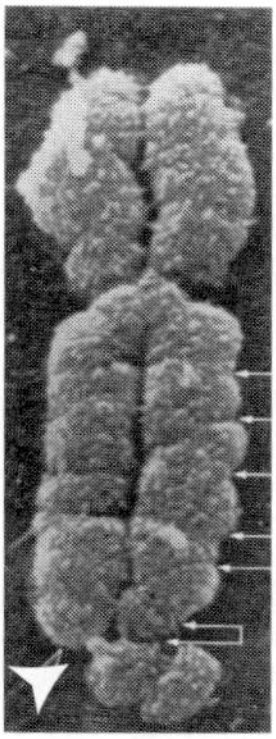

図 2.17　脆弱X染色体の電子顕微鏡写真。左下の大きな矢印で示した部分が脆弱部位。

（出典：Harrison CJ, Jack EM, Allen TD, et al The fragile X: a scanning electron microscope study. Journal of Medical Genetics 1983;20:280-285.）

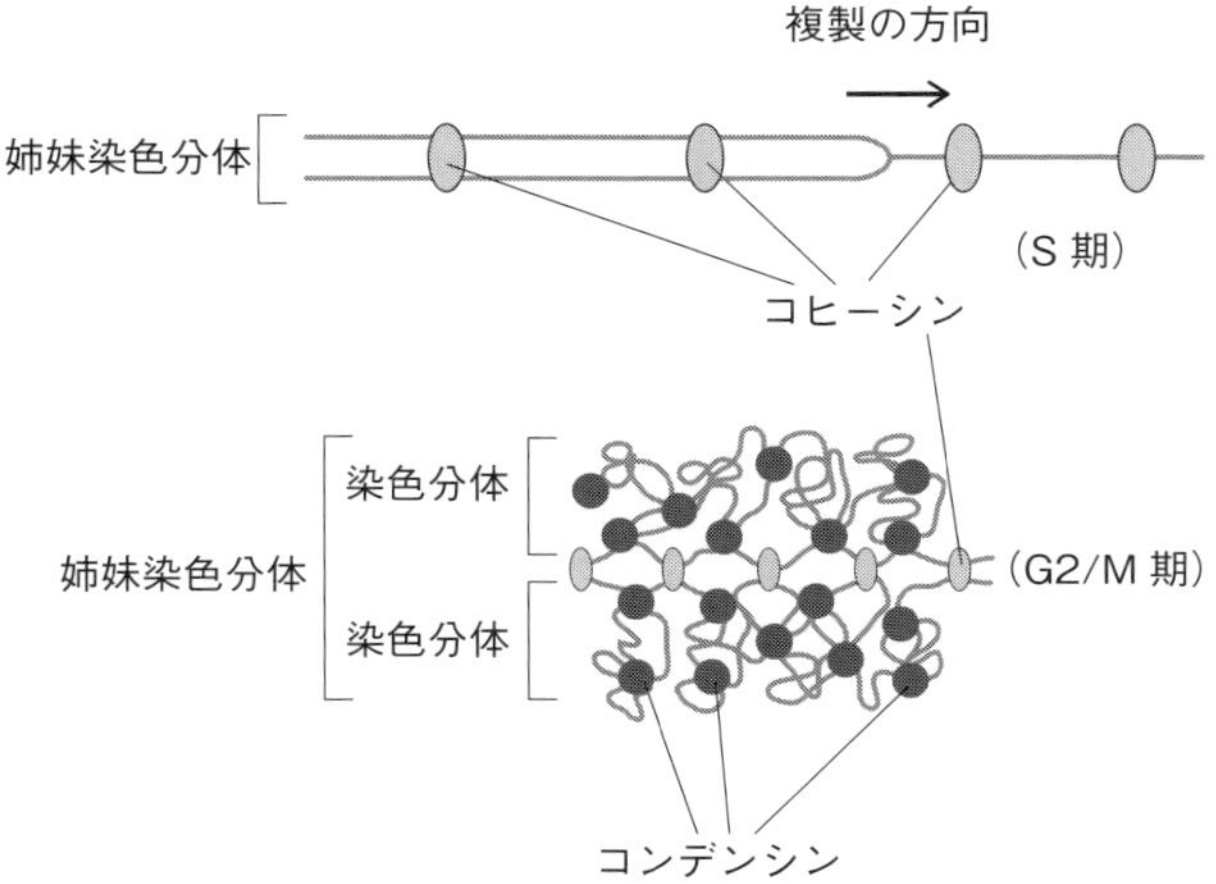

図 2.18　染色体を束ねるコヒーシンとコンデンシン

とができません。実際には、そのような巨大な染色体では、より多くのコンデンシンが強く凝縮を行い、太い染色体になっています。さらに、私たちの研究では、リボソームRNA遺伝子のコピー数を人工的に無理やり増やして通常の3倍以上の長さにすると、通常よりも凝縮力が高くなり、太い染色体となることが観察されています。そうすることによって、その後の分配も正常に行われます。

詳しくは分かっていませんが、染色体には自身の長さを認識して、それに応じた凝縮の程度を決めるメカニズムがあるようです。しかも、それはどのような長さにも対応できるようなフラクタル構造、つまり線状なので、ねじって折りたたむ同じ構造が段階的に太くなっていくような仕組みがあるはずです。このような機構も、染色体の大部分を占める非コードDNA領域に秘められた機能と考えられます。恐るべし、非コードDNA。

さて、首尾よく凝縮されて短くなった染色体は、次に両極に引っ張られそれぞれの娘細胞に分配されます。そのときに活躍するのが、セントロメアという非コードの繰り返し配列です。

セントロメアには数十種類のタンパク質が結合し、動原体という構造を作っています。ここに細胞の両極から伸びてきた微小管が結合し、それぞれの姉妹染色分体を両極に引っ張ります。セントロメアの大きさはそれぞれ千差万別で、一番小さいのは出芽酵母の１２５塩基対、同じ酵母でも染色体数が少なく一本一本が長い分裂酵母では数百万塩基対、ヒトでは染色体によって差はありますが数万から数百万塩基対です。一般に、染色体が大きければそれだけセントロメアの配列も長く大きい動原体を作り、より多くの微小管と結合できるようになり、引っ張る力が強くなります。

このセントロメア配列について、もう少し詳しく見ていきましょう。出芽酵母では、１２５塩基対のセントロメア配列が１つのヌクレオソームに巻きついています。ヌクレオソームとは、４種類のヒストン８量体にＤＮＡが巻きついた構造でしたね。ただし、このヌクレオソームは少し特殊です。ヒストンＨ３の代わりに、構造がよく似たＣＥＮＰ《センプ》－Ａ《エー》というタンパク質が入っているのです。このＣＥＮＰ－Ａが起点となり、他の動原体タンパク質が集合し、微小管との接着装置が組み立てられます。

一方、ヒトのセントロメアは、αサテライトと呼ばれる１７１塩基対の配列が繰り返して存在します。そこにやはりＣＥＮＰ－Ａを含むヌクレオソームが結合し、動原体の元となります。ヒトのセントロメア配列の横には、サブセントロメアと呼ばれる反復配列からなるヘテロクロマチン化された非コード領域が広がっています。機能については不明な点が多いですが、第3章で述べるように、進化において重要な機能を担っていることが最近分かってきました。

2・8 ゲノムの再編成に関わる非コードDNA

ここまでで、染色体の「ハード」を作る非コードDNAの機能領域について述べてきました。たとえて言うなら、染色体を「遺伝子を運ぶ船」としたときの、船体部分にあたります。次に、ここでは船のリフォーム（再編成）に関わる非コードDNAの機能についていくつか紹介します。

船のリフォームというのは、いったいどういうことでしょうか。そう、ゲノムは変化することがあるのです。もちろん、生物の設計図であるゲノムはむやみに変わってもらっては困ります。基本は変わらないものだと考えてください。しかし少数ではありますが、積極的に変化する特殊な領域もあるのです。

代表例は、免疫グロブリンの遺伝子再編成です。これは有名なので、ご存知の方も多いでしょう。免疫グロブリンとは、抗体を作るタンパク質のことです。抗体は血液中のリンパ球によって生産され、ヒトの体内に病原菌などの異物が侵入した際に、それらにくっついて攻撃します。このとき、1種類の抗体はある特定の1種類の異物（抗原）しか攻撃できません。このように作用する対象が決まっていることを「特異性」と呼びますが、この特異性は、抗体が自分自身の細胞やタンパク質を誤って攻撃してしまわないようにするために必要な仕組みなのです。

ところが、体内に侵入する抗原の種類は膨大です。たとえば、ウイルスや細菌、花粉もまた抗原です。こうしたほぼ無数に存在する抗原1つずつに対して、特異的な抗体を作る必要があります。そこで、進化の過程で編み出された仕組みが、グロブリン遺伝子の再編成です。詳しく見ていきましょう。

抗体を作るグロブリンタンパク質は、2本のH鎖（heavy　重鎖）と2本のL鎖（light　軽鎖）がくっついたY字形の構造をしています（図2・19）。それぞれの鎖の先っぽに可変領域と呼ばれる部位があり、そこが抗原と結合します。つまり可変領域さえ変われば、他の部分は使い回しでもあらゆる抗原に対応できるというわけです。実際、可変領域はその名の通りほぼ無数に存在する抗原に対して結合できるくらい多様性に富んでいます。

ところがここで問題が生じます。タンパク質は遺伝子によってコードされているので、た

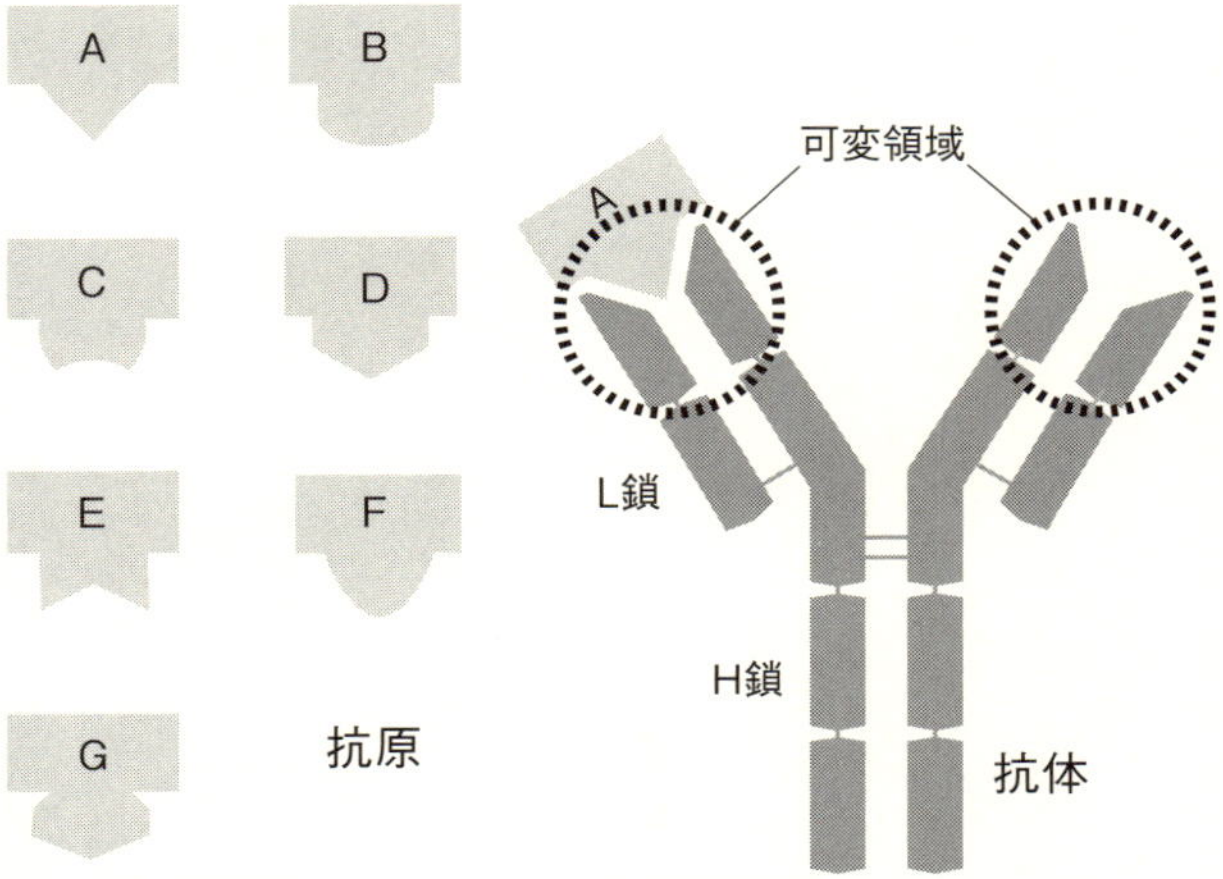

図 2.19　抗体タンパク質は、特定の抗原だけに反応する

くさんの種類のタンパク質を作るためには、それに対応した数の遺伝子が必要になります。実際に、ヒトでは、10^7種類以上の抗体を作っています。しかし、ヒトゲノムプロジェクトの完了（２００３年）以前には、遺伝子の数は全部で高々３万個前後と見積もられていたため（実際にはさらに少なく約２万２０００個だった）、どうしてもその多様性を生み出す仕組みを説明することができませんでした。

　この問題を解決したのが、日本人の研究者、利根川進です。抗体はリンパ球の一種であるＢ細胞で作られます。利根川は、Ｂ細胞がまだ完成していない胎児の時期と、大人になって完成したときでは、その遺伝子の構成

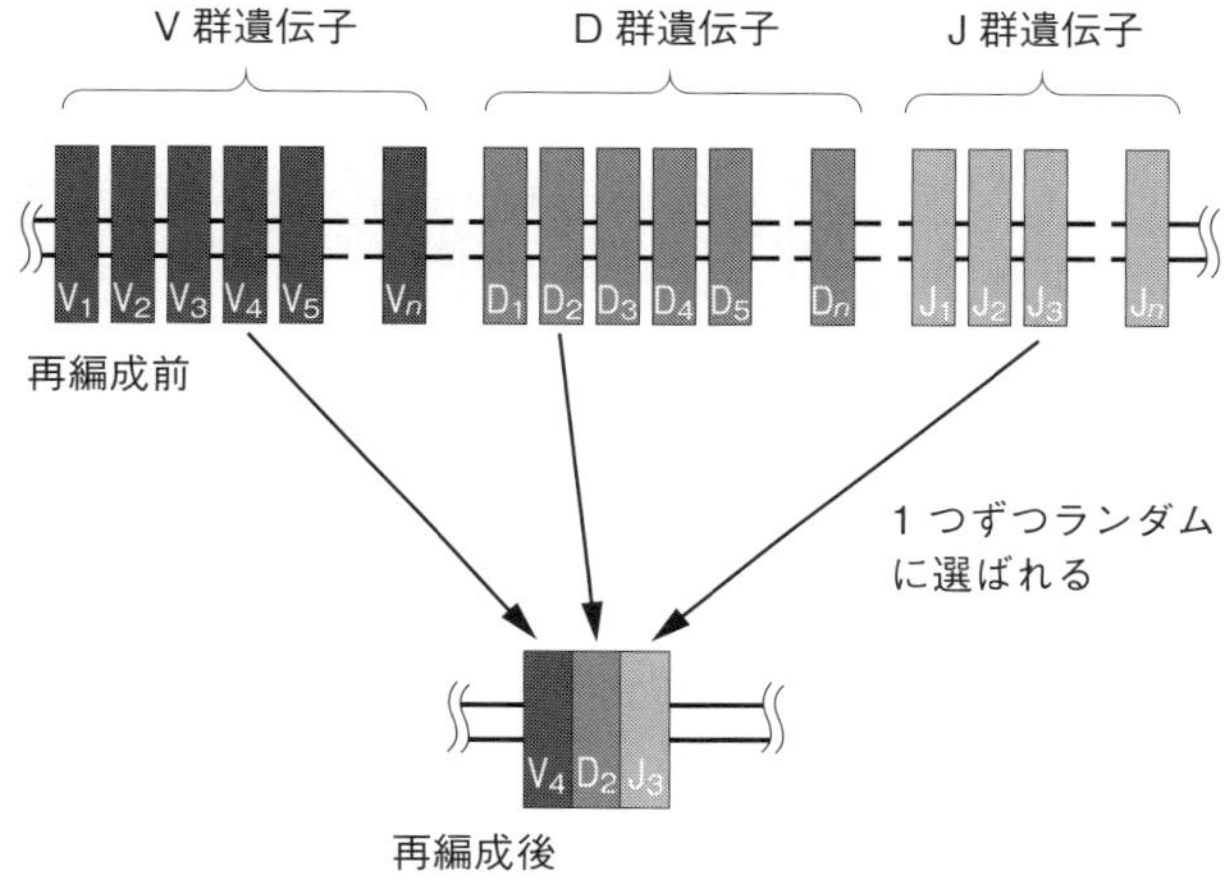

図2.20　抗体遺伝子VDJの組換え

が変化していることを発見しました。つまり遺伝子再編成（組換え）が起こっていたのです。

可変領域を作る遺伝子はユニークな構造をしており、V、D、Jの3つの領域があります。それぞれ偽《ぎ》遺伝子と呼ばれる壊れた遺伝子がリピート（繰り返し）しており、これは一見何の意味も持たない遺伝子の「墓場」的な領域です。もちろんタンパク質を作らない非コードDNA領域です。これが面白いことに、B細胞が分化するときに、それぞれのリピートからランダムに1つが選ばれてつなぎ合わされ、新しい組み合わせに再編成されることが分かったのです（図2・20）。

ざっくり言ってV遺伝子が60個、D遺伝子が30個、J遺伝子が10個あると仮定すると、それぞれからランダムに1つが選び出される組み合わせの数は、60×30×10で、1・8×10^4通りとなります。かなりの種類を作ることができるということです。これがH鎖とL鎖でそれぞれ別々に起こり、さらに組換え時のズレや変異が加わり、10^7種類は楽勝で達成できます。

このような遺伝子の再編成のイベントは、B細胞の前駆細胞（元になる前段階の細胞）で起こり、10^7種類以上のB細胞が作られます。このとき、B細胞前駆細胞はランダムに作られるので、中には自分自身のタンパク質を攻撃するかもしれない抗体を作るB細胞前駆細胞も作られます。ところが、それらはB細胞に成熟する前に選別されて死んでしまうので、結果的に、自分自身を攻撃する抗体は作られずに済むというわけです。このたくさんの組換えも、非コード領域に存在する配列とそこに結合する組換え酵素によって誘導されます。

さて、また出芽酵母の話に戻りますが、この単純な生き物も遺伝子の再編成を行っています。前にヘテロクロマチン形成のところでも触れましたが、出芽酵母にも性別のような2つの型がありa株、α株と言います。a株、α株の違いは1ヵ所だけで、3番染色体のMAT領域と呼ばれる場所にa型、α型の配列（カセット）のどちらが入っているかで決まります。このカセットの変化はMAT遺伝子の非コードDNA領域にHOという切断酵素が働き、そこに同じ染色体のそれぞれの端にあるａ型、α型のカセットから、組換えによりどちらかが導入されることで起こります（図２・３参照）。

ちなみに、先に述べたように、両端のカセットはともにヘテロクロマチン化されており、その場所では発現していません。ａ型細胞はａファクター、α型はαファクターというフェロモンをそれぞれ分泌し、近接する別型の細胞と反応しあい、そちら側にシュムーという突起を伸ばし接合します。

最後に、もっと豪快に分解して再編成する例を紹介します。テトラヒメナです。テトラヒメナは繊毛虫（ゾウリムシの仲間）の一種の単細胞生物です。細胞の中には大小２つの核があり、小核は生殖核ともいい、ここにある遺伝子は発現しません。一方、大核は遺伝子を発現しタンパク質を作り出すことで、細胞の活動を維持しています。大核も小核も、ともに小核から分裂により作られます。

興味深いことに、小核にはトランスポゾンや諸々からなる大きな非コード領域がありますが、大核になるときにそれらが「再編成」により取り除かれます。その後小さくなった染色体は断片化され、それぞれが増幅して（コピーを増やして）ボリュームが大きくなり大核となるわけです（図２・21）。この再編成には非コード領域から作られるＲＮＡが関わってい

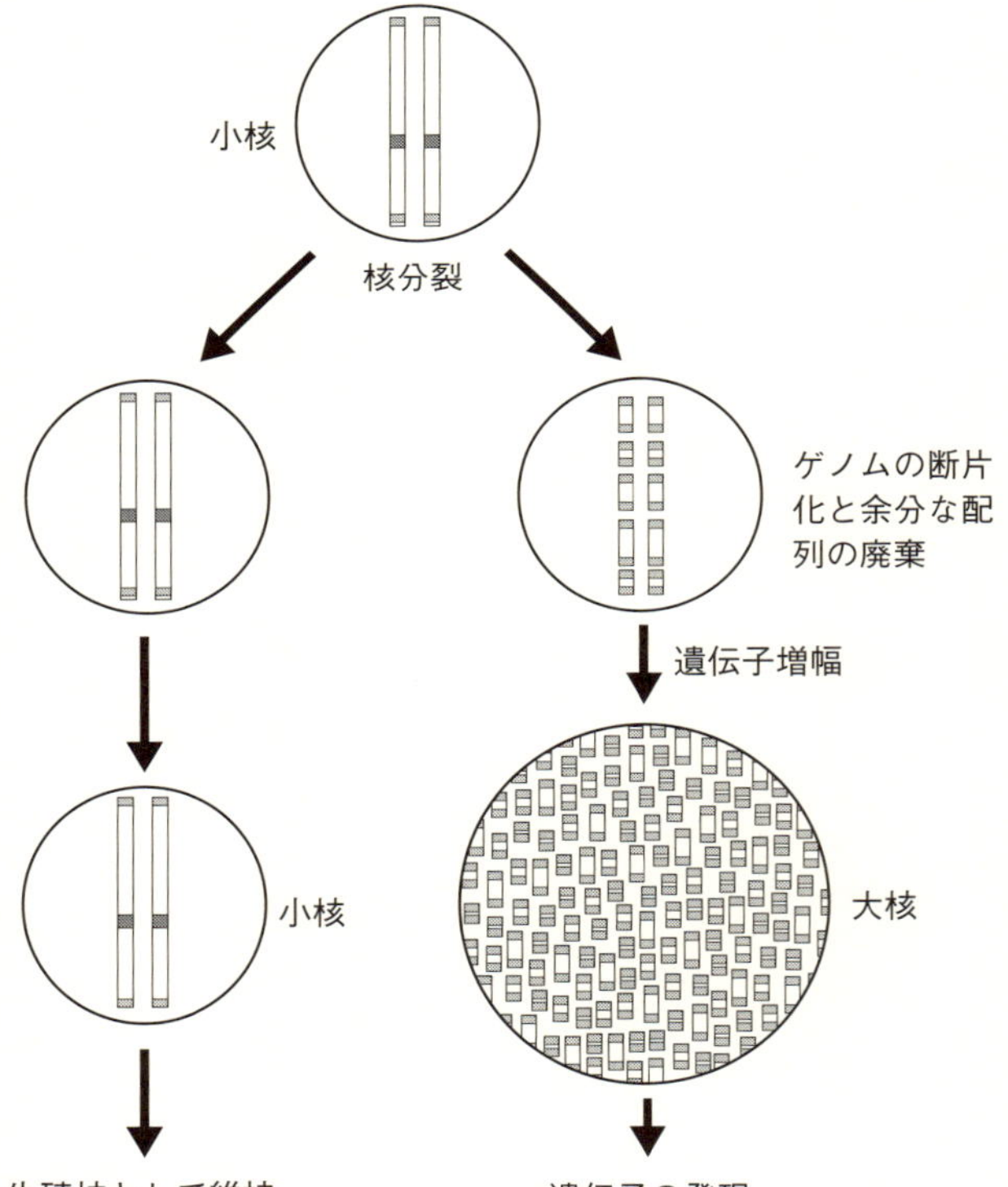

図 2.21　テトラヒメナの大核のゲノム再編成

ることが分かっています。また生殖核にはなぜ、大核で切り取って捨てられる一見不要な非コードＤＮＡ領域が維持されているのかは不明です。逆に考えれば非コードＤＮＡ領域には生殖核でのみ働く未知の機能があると想像されます。

以上の３例のように、非コードＤＮＡ領域は、細胞の分化や多様化といった長いスパンの細胞の機能調節にも関わっていると考えられます。次章ではもっと時間的に長い「進化」との関連を見てみることにしましょう。

第3章

非コードDNAと進化

3・1 サルとヒトの違いを作る非コードDNA

これまでの話で、非コードDNAが、染色体の維持や遺伝子の転写調節において、なくてはならない存在であることが分かっていただけたと思います。ただ、機能を持った非コードDNAの配列は、それぞれの機能、たとえばプロモーターや複製開始点のように個別に研究されていたため、重要な「非コード配列」という観点では捉えられていませんでした。そのため、ジャンク（ゴミ）として一括りにされていたわけです。

著者が代表を務めた研究班（文部科学省科学研究費補助金（新学術領域研究）「ゲノムを支える非コードDNA領域の機能」（平成23年度～平成27年度））では、機能を持った非コード配列をずっとジャンクとして埋もれさせておくのはかわいそうなので、先輩格のテロメア、セントロメアにならって「インターメア」と名付けて区別することにしました。

さて、ここからは上級編となります。内容が難しいというわけではなく、最新のデータとそれをもとにした著者の考えを織り交ぜて、非コードDNAの凄さを紹介します。

非コードDNAはタンパク質を作る遺伝子ではなく、その転写の調節、つまり「いつ」

「どのくらいの量」その遺伝子を発現させるかに関わっているものも多く存在します。その転写調節の主役は、第2章で取り上げた転写因子と呼ばれる調節タンパク質です。

たとえば、２０１６年のノーベル生理学・医学賞を受賞した大隅良典のオートファジー（自食作用）に関する遺伝子がそれに当たります。栄養（食べ物）が少なくなり、細胞が飢餓状態に陥ると、特異的な転写因子によりオートファジー遺伝子の発現が誘導され（発現して）、自食作用により自身の細胞内のタンパク質を分解し、これらの再利用を開始します。逆に、栄養状態が良くなると、オートファジー関連遺伝子の発現は止まり、元の状態に戻ります。

オートファジーのような一時的な転写誘導に加えて、長期的な変化というのもあります。その多くは、ゲノムの配列の変化によるものです。長期的な転写量の変化では、長期間にわたり特定のタンパク質の量が少なかったり、逆に多かったりするので、形態や生活習慣に変化をもたらす、いわゆる進化の選択因子になることがあります。ここでは具体的に進化の過程において、サルとヒトの違いをもたらしたゲノムの変化を見てみましょう。

サルといってもいろいろな種類がいます。たとえばヒトにいちばん近いとされるチンパンジーは、６００万年ほど前にヒトと共通の祖先から分かれて進化したと推定されています

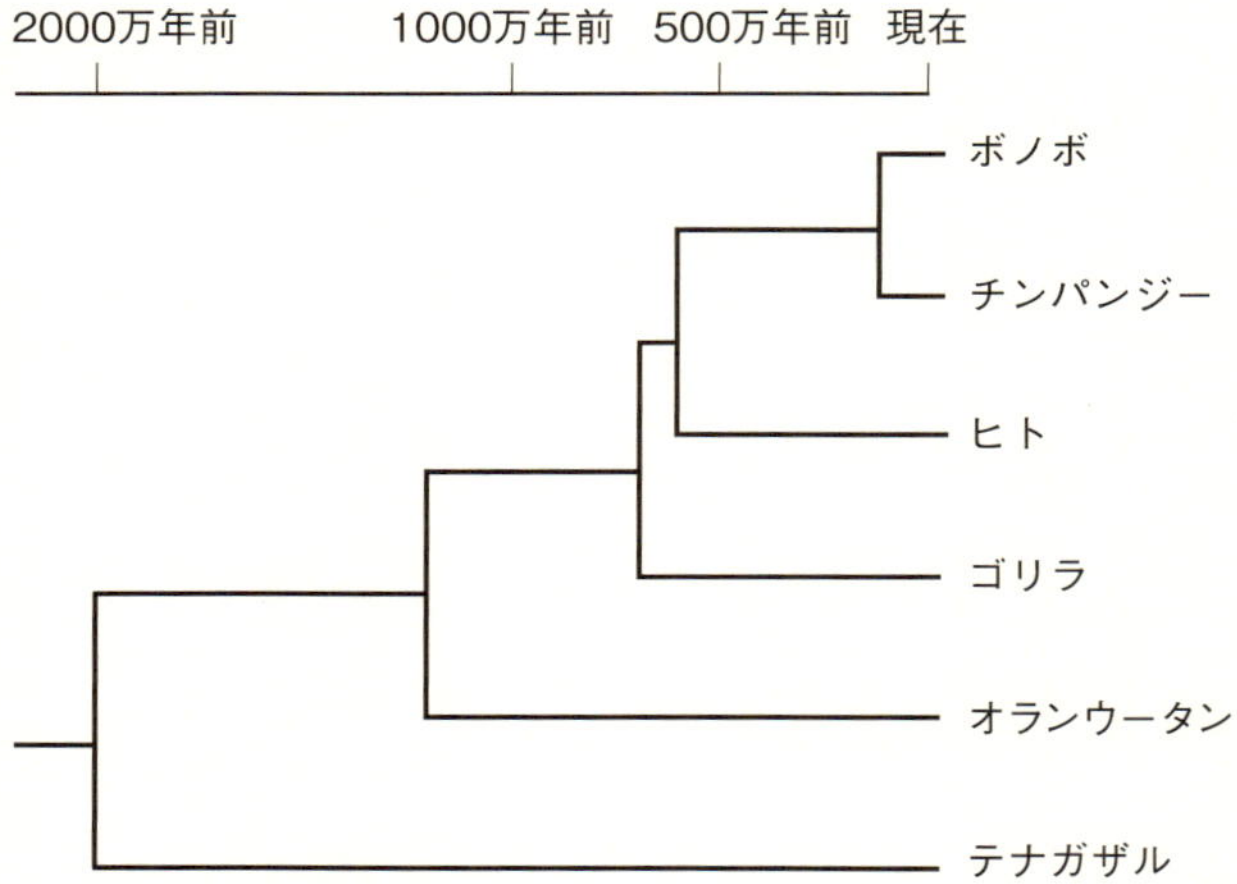

図 3.1　ヒトの系統樹

（図3・1）。さらにゴリラとはその約100万年前に、オランウータンとはさらにその500万年前に種が分かれました。だいたい見た目の距離感と一致しますね。

　では次にゲノムを見てみましょう。まず大きなところから見ていきます。染色体についてはチンパンジー、ゴリラが24対48本であるのに対し、ヒトは23対46本です。これはヒトの2番染色体が、チンパンジー、ゴリラでは2本に分かれているためです。実際には共通のご先祖様はチンパンジー・ゴリラタイプで、ヒトでは後から2本が融合して1本の2番染色体になったと考えられています。

　ちなみにヒトの染色体は、大きい順に1

から22番まで番号が付けられています。23番は性染色体（X染色体とY染色体）です。２番染色体以外の染色体はヒト、チンパンジー、ゴリラでほとんど差はありません。つまり染色体レベルではかなり似ているということです。

次に、もう少し細かくＤＮＡの配列レベルで見ていきましょう。ヒトのゲノム配列を解読するヒトゲノムプロジェクトは２００３年に終了し、２００５年にはチンパンジーのゲノムも読まれています。チンパンジーでもヒトと同様に、非コードＤＮＡ領域は完全には読まれていませんが、読まれたところ、つまり主に遺伝子部分の比較では、だいたい１～２％程度の違いがあるようです。この違いを大きいと見るか小さいと見るかは難しいですが、見た目（姿）ほど大きくはないのは明らかです。

ヒトとチンパンジーを見た目で判別できないことはないでしょう。しかし、ＤＮＡを構成する４つの塩基（G、A、T、C）の１００個の中から１～２個（１～２％）の配列の違いを探せと言われたらけっこう大変です。しかも、配列が違ってもアミノ酸が変化する確率はもっと低く、さらにタンパク質の機能まで変化させるとなると、さらに確率は低くなります。つまり、平均するとゲノムの違いはほとんどありません。では、何がヒトとチンパンジーの違いを作っているのでしょうか。

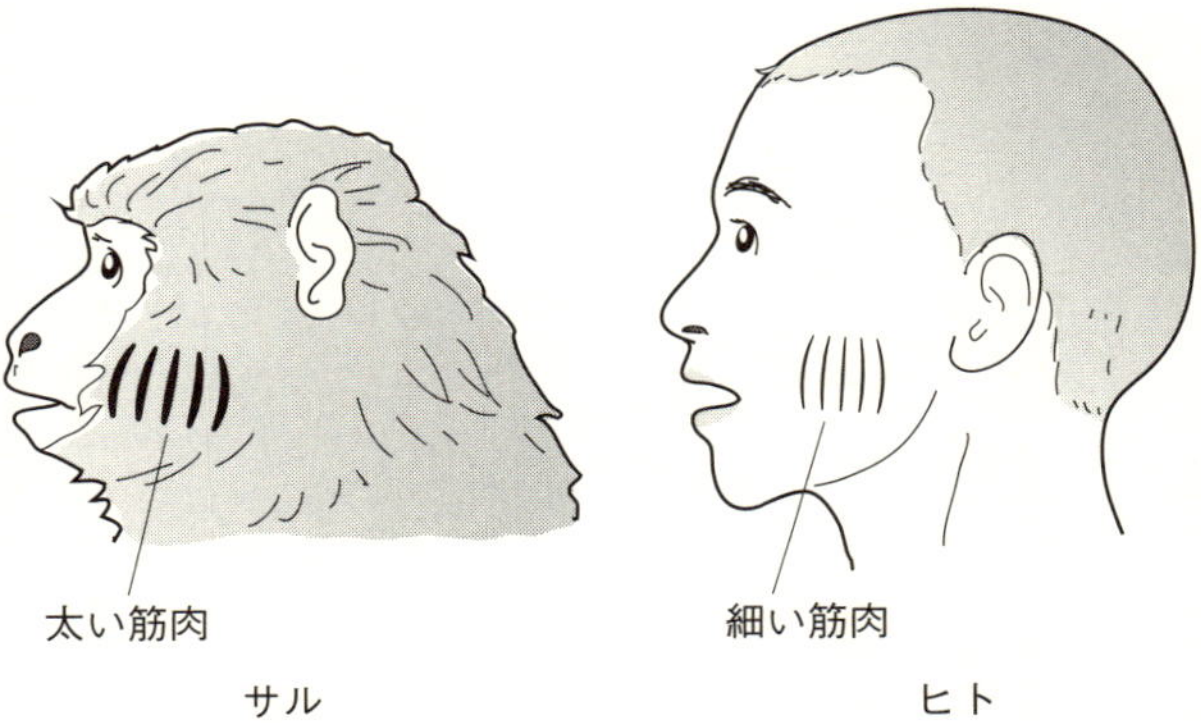

図 3.2　サルとヒトの顎の筋肉の違い
耳の前の顎を動かす筋肉が、サルは太くヒトは細い。そのため、サルは頭蓋骨が平坦で小さく、ヒトは丸く大きくなった。

おそらくはキーとなる少数の遺伝子の違いが、大きな形態的変化（見た目）を作ったと考えられます。たとえば、ヒトでは下顎《したあご》を動かす頭蓋骨と下顎を結ぶ咀嚼《そしゃく》筋がチンパンジーより少なく、そのため噛む力も弱くなっています。これはチンパンジーが持つ顎の筋肉を作る遺伝子（ＭＹＨ16）が、ヒトでは壊れて失われているためです。その結果何が起こったかというと、筋肉が減ったおかげで頭蓋骨と下顎をつなぐ領域、つまり口の先から顎の関節までが短くなりました（図3・2）。

ヒトはチンパンジーやゴリラに比べて口が引っ込んでいますね。口だけではなく、後頭部のとんがりも必要なくなり、ヒトでは頭蓋骨の自由度が増して全体的に上に伸びて大きくなることができました。結果的に大脳、とくに大脳皮質の巨大化が可能になったわけです。

このような話を聞くと、チンパンジーとヒトの差を1つの遺伝子の消失で理解したような気になりますが、実際はもう少し複雑です。なぜなら、たまたまある遺伝子が突然ぱっと消えてなくなるとは考えにくいからです。しかし結果的には遺伝子がなくなっているわけで、起こったのは事実です。ではどのようにして、このような「劇的」な変化が起こったのでしょうか。

ここでもう一度、非コードＤＮＡ領域に目を向けてみましょう。非コードＤＮＡ領域という観点でゲノムを見ると、チンパンジーとヒトで、じつはかなりの違いがあります。たとえば、テロメアの隣のサブテロメアと呼ばれる領域を見てみましょう。ここにはテロメアリピート（テロメア特有の繰り返し配列）はありませんが、別の種類の繰り返し配列が多く存在し、遺伝子はほとんどなく、全体的にヘテロクロマチン化しています。ヘテロクロマチンは第2章でも触れましたが、クロマチンが固く閉じて遺伝子が発現しにくい状態です。チンパンジーとゴリラでは、顕著にサブテロメアが大きいのです。

かつてはジャンクと呼ばれ無視されていた巨大なリピート配列は、実際は何もしていないわけではなく、核内の、とくにＤＮＡ結合タンパク質の存在量（バランス）を大きく変える役割を果たしています。

たとえば、ヘテロクロマチンを作るタンパク質には遺伝子発現の抑制作用がありますが、チンパンジーやゴリラでは、それらのタンパク質がサブテロメア領域にたくさん存在しています。ヒトではその配列が徐々になくなってしまったために、余剰になったヘテロクロマチンタンパク質が他の遺伝子の発現量に影響を与え、転写のタイミングや量を変化させています。

さらに位置効果として、サブテロメア領域付近の遺伝子はヘテロクロマチンの影響を受けて抑制されますが、そちらは逆に発現が上がります。つまり、ヒトのゲノムではサブテロメア領域の減少により、非常に多くの遺伝子が緩やかに少しずつ影響を受け、チンパンジーやゴリラと比べて、形態形成やその他の代謝が変化したと考えられます。

このように、遺伝子ではない非コードＤＮＡの変化が環境に対する適応能力の幅を広げ、進化を後押ししたと考えられます。先ほどの下顎の筋肉の遺伝子についても、突然その遺伝子が壊れてしまったら顎を動かす力が急激に弱まり、ものを食べられなくなって死んでしまいます。まずは火や調理道具の使用により、食べ物が硬いものから軟らかいものに変化したのかもしれませんし、あるいは環境が変化して、食べ物の種類そのものが変わったのかもしれません。それと同時進行で、非コードＤＮＡ領域の変化が起こったと考えられます。

リピート配列が消えて、ヘテロクロマチンが減少することで、多くの遺伝子の転写が変化します。そのうちのひとつが、下顎の筋肉の遺伝子の転写抑制だったのでしょう。徐々に顎の筋肉が細くなり、それに連動して歯や顎の形、頭蓋骨が変化して顎の筋肉を太くする遺伝子の必要性が低くなったところで、その遺伝子が完全に壊れてなくなったと考えられます。

このように、非コードＤＮＡはゲノムの組成を緩やかに変化させ、多くの遺伝子発現を変化させることで環境への適応、進化を可能にしたと考えられます。

3・2 進化を加速する働きと抑える働き

非コードＤＮＡは、遺伝子の発現バランスを変化させることで、ヒトとサルの違いを生み出すきっかけを作りました。やがて遺伝子そのものが変化して進化が進行したと考えられます。ここではさらに踏み込んで、具体的に非コードＤＮＡがいかに進化を加速してきたか考えてみます。

先に述べたように、非コードＤＮＡ領域は多くのトランスポゾンの痕跡を含んでいます。

これらのうちごく少数は、いまだに動いていることが知られています。ただし、ヒトではゲノム全体の98％が非コードＤＮＡ領域なので、トランスポゾンが移動する先は確率的に非コードＤＮＡ領域であることがほとんどです。そのため、トランスポゾンがコード領域に移動して、遺伝子を破壊することはほとんどありません。たとえそのようなことがあったとしても、体細胞であれば、変異はその細胞１つだけにとどまるので、がんを引き起こすような移動ではないかぎり、とくに問題にはなりません。問題となるのは、生殖細胞系列での多量のトランスポゾンの移動による変異です。これは確実に子孫に伝わり、すべての細胞に影響を及ぼします。

ところで、Ｘ染色体の不活化のところで少し紹介しましたが、発生のごく初期に、それまでのＤＮＡのメチル化によるヘテロクロマチン状態をすべてキャンセル（解除）する時期があります。その後、たとえばＸ染色体の場合にはランダムにどちらか１本が丸ごと不活化されます。そのほかにもインプリント遺伝子というのがあり、母性父性のどちらか一方の遺伝子が個別に不活化されます。

このように配列の変化ではなく、ＤＮＡのメチル化やクロマチンの構造の変化による遺伝子の制御が次世代に伝わる現象をエピジェネティクスといいます。クロマチンの記憶といってもいいかもしれません。この記憶を解除することは、親と違う表現型を獲得する「多様性の確保」にとってプラスに働き、進化を加速すると考えられます。問題は、そのときに通常はエピジェネティックな制御により抑え込まれているトランスポゾンが、活動を活発にされたら困る、ということです。実際に、トランスポゾンはこの時期にもほとんど動いてはいないため、なんらかの防御策が講じられていることが予想されます。

そこで登場するのが、非コードＤＮＡから作られる「非コードＲＮＡ」です。非コードＲＮＡの定義は、非コードＤＮＡとは若干異なります。非コードＤＮＡは遺伝子（タンパク質）をコードしない領域で、繰り返し配列や壊れたトランスポゾン、偽《ぎ》遺伝子のようなものが大半を占めています。これに対して非コードＲＮＡは、ＤＮＡから転写されて作られ、それがタンパク質に翻訳されないというだけで、もとのＤＮＡ部分は非コードＤＮＡか否かは問いません。しかし実際にはゲノムの大部分が非コードＤＮＡなので、そこから作られる非コードＲＮＡがほとんどです。

たとえばＸ染色体の不活化に働く「Ｘｉｓｔ《エグジスト》」と呼ばれる非コードＲＮＡは、およそ２万塩基対と、非常に長い転写産物として作られ、スプライシングされるところまでは通常のｍＲＮＡと同じように振る舞います。その後、核外には出て行かず、そのままＸ染色体に結合し、ＤＮＡのメチル化等を誘導して不活化を行います。

日本の理化学研究所のグループが２００５年に、マウスの転写産物をかたっぱしから次世代シーケンサーにかけて調べました。その結果、なんと2万３０００種以上の非コードＲＮＡが同定されました。この数は遺伝子の数とほぼ同数となります。そのほとんどは何をしているのかいまだに分かっていませんが、近年一部の機能が判明しました。

非コードＲＮＡのひとつの機能として、Ｘｉｓｔに代表されるような遺伝子の発現抑制がありわす。ゲノム中にたくさん存在するレトロトランスポゾンの転移抑制として働いていますが、これには２つの経路があります（図３・３）。

ひとつは翻訳抑制経路です。レトロトランスポゾンなどから転写された意味のないＲＮＡは、ｍＲＮＡが本来持つ保護機構を持たないため、ほとんどがその場で粉々に分解されますが、一部へアピン構造など相補領域を持ったＲＮＡは２本鎖になり、分解を免れます。その後、ダイサーと呼ばれる2本鎖ＲＮＡ切断酵素により20〜30塩基対の小さなＲＮＡとなり、アルゴノートと呼ばれるＲＮＡ結合タンパク質と複合体を作り、１本鎖にされ、標的となるトランスポゾンのｍＲＮＡを分解したり翻訳途中のリボソームを阻害したりして、レトロトランスポゾンの転移タンパク質の産生を食い止めます。

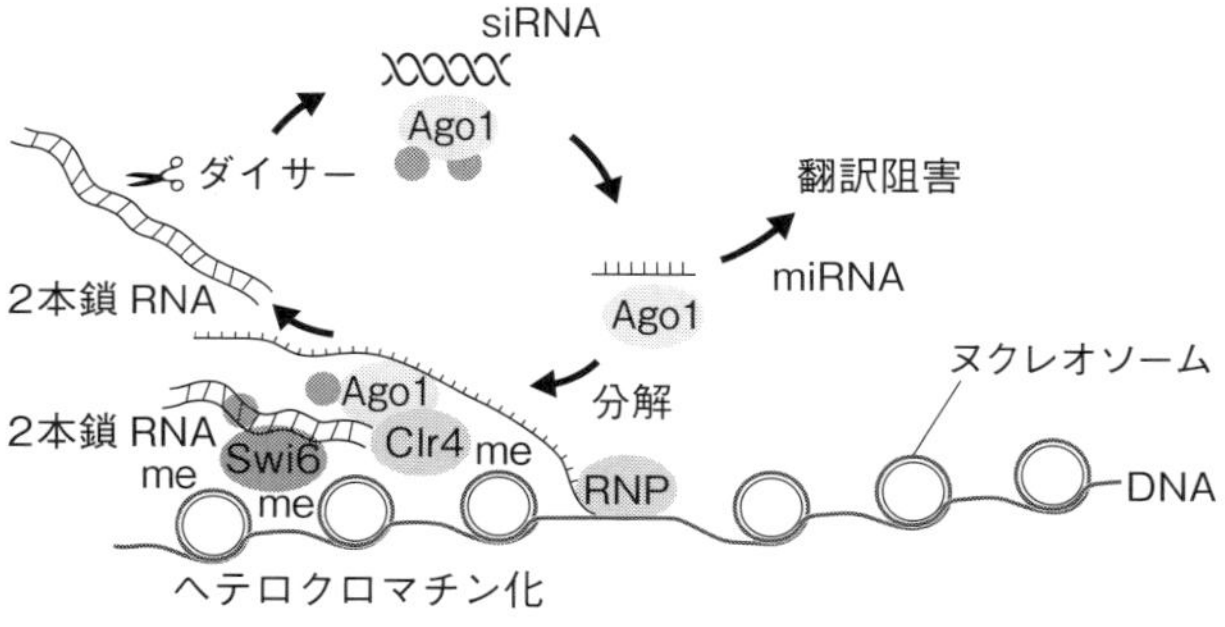

Ago1：アルゴノート
RNP：RNA ポリメラーゼ
Clr4：ヒストンメチル化酵素
Swi6：ヘテロクロマチンタンパク質

図 3.3　小さな RNA による遺伝子発現抑制（分裂酵母）

もうひとつの非コードＲＮＡの遺伝子による発現抑制としては、ヘテロクロマチン化による転写抑制作用があります。これはアルゴノートと結合したＲＮＡが核内で転写途中のＲＮＡやヘテロクロマチンタンパク質と結合し、ＤＮＡのメチル化を誘導して、ヘテロクロマチンを形成します。とくに生殖系列の細胞では、そこで特別に働く「ピウイＲＮＡ（ｐｉＲＮＡ）」が、トランスポゾンや反復配列などの非コードＤＮＡ領域から転写により作られ、それらのヘテロクロマチン化を誘導します。

話を元に戻しますが、ここで述べたような非コード領域の暴走を防ぐシステムは、おそらく非コード領域がある程度増えて害を及ぼすようになってきたために、進化の過程で獲得されてきたものだと考えられます。一度このような防御システムができあがってしまったら、もう怖いものは何もないので、非コード領域が際限なく増え続けているのでしょう。

実際にハエを使った実験でピウイRNAを破壊すると、ヘテロクロマチンが解除され、トランスポゾンの転移が起こり、生殖細胞は死んでしまいます。このことは逆に、非コードRNAが完全に抑え込まれる以前には、相当に変異源として進化を加速したと考えられます。また、防御システムが完成した後でも、その網をかいくぐり転移するものも少数ながらあります。その痕跡をゲノムに多数確認することができ、しかもそれらが進化を促進したと見られるいくつかの証拠もあります。

ここで、東京工業大学の岡田典弘らが中心に行った研究を紹介します。哺乳類の非コードDNA領域の主要な構成成分である「SINE（サイン）」は、時間とともに変異が蓄積して、挿入した当時の配列から変化していきます。これを逆に考えると、配列が変化しないで保存されているSINEは、なんらかの仕事をしていることになります。

そこで岡田らは、哺乳類で保存されているSINEを複数見つけだして解析しました。その結果、興味深いことに、それらのうちいくつかは遺伝子の上流に存在して、遺伝子のエンハンサーとして発現量の増加に関わっていることを発見しました。たとえばその1つであるAmnSINE1は、Satb2というヒトにも存在する遺伝子の上流にあり、その遺伝子発現を上昇させます。Satb2遺伝子は哺乳類の脳の形成に関わっている遺伝子で、このSINEの挿入が、哺乳類の脳の進化の誘導に大きな役割を果たしたと予測できます。

またこれも非コードDNA領域の主要成分ですが、レトロトランスポゾンそのものが新しい遺伝子に変化して哺乳類の進化を促した例もあります。これは東京医科歯科大学の石野史敏、東海大学の石野知子夫妻が中心に行った研究です。

爬虫類や鳥類では、卵を体外に産んで孵化《ふか》させます。一方、ヒトを始めとする多くの哺乳類は卵を体内で発生させ、胎盤を形成してある程度大きくなってから出産します。この胎生のおかげで被食（違う動物に食べられてしまうこと）が減り、卵がかえる効率が飛躍的に上昇しました。そのため必要以上に多くの卵を産む必要がなくなり、種の維持には有利に働いたと考えられます。また親との絆も深まり、親子関係、家族社会の進化にも重要な働きをしました。石野夫妻らの研究から、この重要な進化が、じつはレトロトランスポゾンによってなされたということが分かったのです。

マウスでは、胎盤形成に必須であるPEG10遺伝子が、レトロトランスポゾンの一種であ

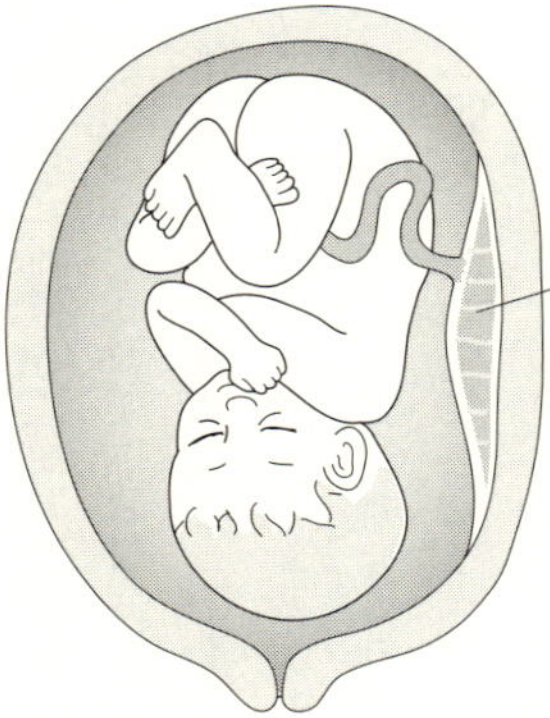

図 3.4　胎盤はレトロトランスポゾンの挿入で偶然できた

るSushi-ichi（スシイチ）と相同性が高いことから、元々はトランスポゾンであったと考えられています。

さらに興味深いのは、哺乳類ではPEG10遺伝子は3つの種類がありますが、そのうち卵を産み母乳で赤ちゃんを育てる胎盤を持たない単孔類（卵生哺乳類、カモノハシなど）には存在せず、真獣類（ヒトなど）、有袋類（カンガルーなど）にのみ存在しています。つまり、哺乳類が卵生（単孔類）から胎生（有袋類、真獣類）へと進化する過程で、レトロトランスポゾンの特定領域への挿入が起こり、胎盤が獲得されたと考えられるのです。もし非コードDNAであるレトロトランスポゾンの挿入がなかったら、人類は誕生していなかった可能性が高いというわけです。仮に別の経路で進化が起こり、人類に似た生物ができたとしても、胎盤がないのでカエルやトカゲのようにおへそ（臍）はない、ということになるでしょう。

3・3　脳はいかにして進化したのか——イントロンの謎

バクテリアや酵母菌などの単純な生物からの進化の過程で、ゲノムで起きた最も顕著な変化はイントロンの登場と拡大です。

イントロンは遺伝子の内部にありますが、タンパク質をコードしていないので、立派な非コードＤＮＡ領域です。ヒトのゲノムの30％近くがイントロンで占められています。この領域も、遺伝子の機能に重大な影響を及ぼしている非コード配列のひとつです。第1章で述べたように、イントロンは転写後のスプライシングによって取り除かれる部分です。この余分な配列が何のためにあるのか長年の謎でしたが、前にも触れた選択的スプライシングという現象の発見で、その重要性のひとつが判明しました。

ヒトのゲノムでは遺伝子数は約２万２０００ですが、実際に存在するタンパク質の数は5万〜10万種類とも言われています。言われている、というのは、組織特異的なタンパク質や

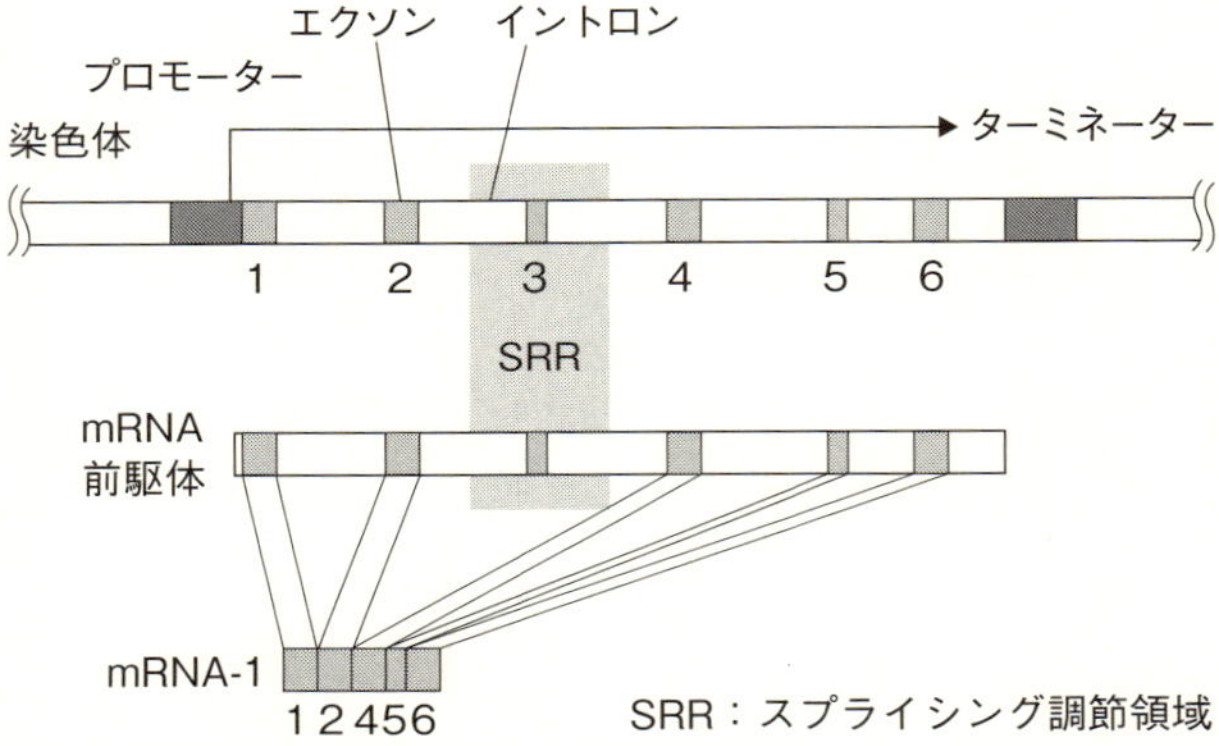

図 3.5　選択的スプライシングの仕組み

ごく少量しか存在しないタンパク質のすべてが同定されてはいないので、正確な数はよく分かっていないためです。

いずれにしても、2万2000しかない遺伝子からその数倍以上の数のタンパク質が作られるわけです。その仕組みのひとつが選択的スプライシングです（図3・5）。これによりエクソンのいくつかが飛ばされたり、イントロンの切り出される位置がずれたりして、1つの遺伝子から複数のタンパク質が作られます。このスプライシングのバリエーションは、イントロンの配列の変化によっても引き起こされます。これにより多種多様なタンパク質が作られ、進化の大きな原動力となったのです。

最近、イントロンの進化における役割として、新たに面白いことが分かってきました。脳の急速な進化を可能にしたのは、長いイントロンのおかげかもしれないのです。これは、この章の冒頭でも触れた著者が代表を務めた研究班「ゲノムを支える非コードＤＮＡ領域の機能」で得られた成果のひとつです。

ヒトの遺伝子を大きい順に並べていくと、面白いことに上位には脳・神経系の遺伝子が多く並びます。これらの遺伝子が大きいのは、コードしているタンパク質が大きいからではなく、イントロンが巨大なためです。そこには共通の性質があり、興味深いことに遺伝子のイントロン中に脆弱部位と呼ばれる、ＤＮＡ複製の進行が阻害される領域が存在します。「脆弱」と呼ばれる理由は、複製が阻害されて止まると、そこでＤＮＡの１本鎖部分が露出し、切れやすくなるためです。

では、なぜ大きい遺伝子でこのような脆弱部位が生じるのでしょうか。遺伝子内には転写の邪魔となるため、通常は複製開始点が存在しません。そのため、遺伝子のすぐ後ろの非コードＤＮＡ領域に複製開始点がある場合があります。そこから複製が始まると、巨大なイントロン中で転写と衝突して阻害され、ＤＮＡが切れてしまうわけです。結果として、その切断末端が組換えのホットスポット（組換えが頻繁に起こる場所）として働き、遺伝子の転座を引き起こし、別の遺伝子とつながったり、あるいはこのあと解説する遺伝子の増幅を引き起こしたりするわけです。

つまり、脳・神経系の遺伝子は、長いイントロンのおかげで、変化（進化）しやすい性質を持っているということになります。そのため、脳の急速な進化が可能になったのかもしれません。イントロンは無駄に長いわけではなかったということです。

3・4 個性を作るSNP（スニップ）

19世紀に地質学者であったチャールズ・ダーウィンは、測量船ビーグル号に乗り世界中を航海しました。帰国後、自身で見た生物や集めた標本の研究により、１８５９年に著書『種の起源』を出版し、その中で進化論を提唱しました。それまでは、ヒトを含む地球上の生物はすべて「神」の創造物であるという世界観が一般的だった時代なので、この説は革命的な影響を社会にもたらしました。

ダーウィンの進化論を簡単に言うと、まず、それぞれの生物はいきなり現れたわけではなく、進化してできたということです。たとえば、サルとヒトは共通の祖先から進化したということになります。次にその原理としては、元々種内に存在する多様な個体の中で、その環境により適した個体がより多くの子孫を残し、その性質を持った個体がその種のメインになるというものです。専門用語を使うと、「変異」による個体間の「多様性」が、「適者生存の原理」により「自然選択」されて「進化」が起こる、ということになります。

たとえば、ダーウィンの有名な観察のひとつに、ガラパゴス諸島に生息するフィンチという小鳥のくちばしの形の違いがあります（図３・６）。くちばしの形が生息する島の環境ごとに異なり、餌を食べるのに最適化した結果なのではないかと考えられました。

図３・６の左上の種は太くて短いくちばしを持ち、硬い木の実などを砕いて食べるのに適しており、右下の種は昆虫を探って食べるのに便利な細いくちばしを持っています。他の２種はそれらの中間的な形を持っています。これらの観察から、その島にある食べ物を食べるのに適したくちばしを持つ個体が生き残った、ということが推察できるわけです。このようにして「適者生存」と「自然選択」という進化の仮説が導き出されましたが、それを引き起こす「変異」と「多様性」のメカニズムについては、当時はまだまったくの未知でした。

のちにメンデルの法則が再発見されると、次々に遺伝のメカニズムが解明され、さらに現代では次世代シーケンサーの登場によりその実態が明らかになりました。

まずは変異についてお話ししましょう。変異の多くはスニップ（ＳＮＰ、single

1. Geospiza magnirostris
（オオガラパゴスフィンチ）
2. Geospiza fortis
（ガラパゴスフィンチ）
3. Geospiza parvula
（コダーウィンフィンチ）
4. Certhidea olivacea
（ムシクイフィンチ）

図 3.6　ガラパゴス諸島に生息するフィンチのくちばしに見る形態の進化
（『ビーグル号航海記』より）

nucleotide polymorphism　一塩基多型）と呼ばれる塩基配列の変化で、塩基対の置換、挿入、欠失などが起きています。DNAをよく見ると、同種でもごくわずかですが個体ごとに塩基配列が異なっているのです。たとえばヒトの場合、こうしたスニップはすでに数百万個見つかっており、血液型、肌の色、体型、体質などもろもろの形質に影響を与えています。

ヒトのゲノムは約30億塩基対からなるので、個人間での違いは、血縁関係がなければざっくり言って0・1％程度ということになります。これが多様性（ヒトの場合には個性といってもいいかもしれませんが）を作っています。遺伝子検査と言われる、体質などを調べる民間のサービスも、このスニップを利用しています。ただ、スニップが確定的になる体質はまだ少なく、他のスニップとの組み合わせの影響もよく分かっていません。そうした情報にはあまり翻弄されないように、しっかりとした知識が必要です。今後情報量が増えれば精度は上がると考えられます。

話を元に戻しましょう。変異が遺伝子の配列の中にある場合、１塩基対の欠失により、三つ組の読み枠がずれて、そのタンパク質が作られなくなってしまう場合があります。あるいは、その遺伝子がコードするタンパク質の性質を変化させます。糖尿病もその一例です。糖尿病には１型と２型があります。肥満などの生活習慣病によってなりやすくなるのは２型糖尿病で、糖尿病患者全体の９割を占めています。

日本人の大規模なゲノム解析が行われ、その結果、２型糖尿病の原因となるスニップが10個以上発見されました。糖尿病になりたいと思う人などおらず、今でこそ悪者のように言われていますが、歴史をさかのぼると、このスニップはフィンチのくちばしの形と同じように、大切な多様性の一つでした。

このスニップを持つ日本人を含む東アジア人では、血糖値を下げるインシュリンの量が、欧米人に比べて少ないという特徴があります。インシュリンは糖を分解して消費させる作用があるので、これが少ないということは、食べた糖分（炭水化物）を効率良く溜め込むのには都合よく働きます。つまり、昔は役に立つスニップだったわけです。しかし、食生活が欧米化し、糖分を多量に摂る食生活になると、こんどはこのスニップのために糖分の分解が追いつかず、糖尿病になりやすい体質になるというわけです。このように、進化というほど大きな変化ではありませんが、環境（この場合は食べ物）に適したスニップが自然選択で残ってきたのです。

スニップは遺伝子の中だけではなく、非コードDNA領域にもあります。最近、病気に関わるスニップを網羅的に調べる研究が行われました。興味深いことに、それらのスニップの95％は非コードDNA領域に存在しました。このことはとりもなおさず、非コードDNA領域に、個性を決め、細胞の機能や進化に関わる重要な配列が存在することを意味していいます。それらは遺伝子がコードするタンパク質の性質そのものには影響を与えませんが、プロモーターやエンハンサーなどといった、遺伝子の発現の量、時期、組織を決定する調節領域に影響を与えると考えられています。ただし、まだ未知なる機能が存在する可能性もあります。次節の遺伝子増幅に関わる配列もそのひとつです。

3·5 遺伝子増幅と進化

先に登場したイントロンは非コードＤＮＡ領域で切れてつながるという変化をうながす場合がありますが、これは細胞が生きていくのに必須な遺伝子では起こりにくい変化です。というのは、２つの遺伝子での組換えにより新しい組み合わせができるとしても、そのどちらか１つでも生きていくのに欠かせない必須遺伝子の場合、それが壊れることによって細胞の生存能力が非常に低下する恐れがあるからです。新しいタンパク質を作り出す可能性がある一方で、高いリスクがあるわけです。前節のスニップを作り出す変異も、遺伝子内に起こった場合、その遺伝子の働きを壊してしまうかもしれません。

そのため、生物はもっと「賢い方法」で非コードＤＮＡ領域をうまく使い、ゲノムを変化させて進化を成し遂げてきました。それは遺伝子増幅という、スペア（予備のコピー）を作る方法です。先述したイントロンの脆弱部位では、転写と複製の衝突で複製の進行が阻害されてＤＮＡの切断が引き起こされました。それ以外にも、非コードＤＮＡ領域には多数の複製を阻害する配列が知られています。代表的なのは、パリンドローム構造という、本来の２

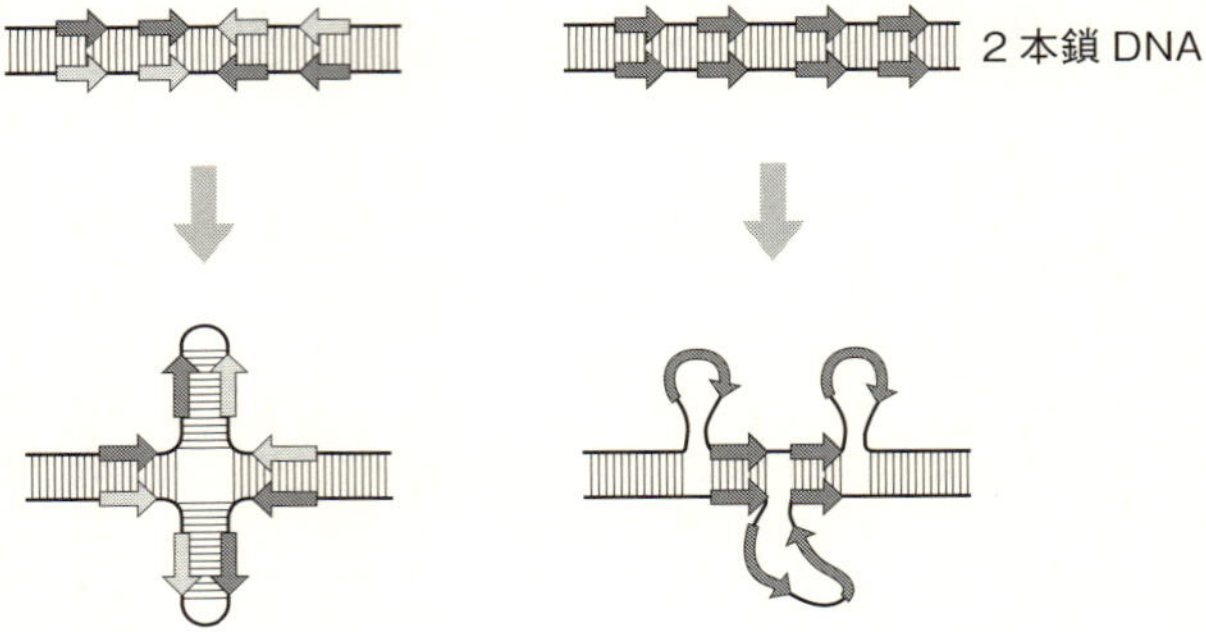

図 3.7　複製を阻害するパリンドローム構造（左）と異常構造（右）

本鎖構造ではない異常な構造によって引き起こされるものです（図3・7左）。

　パリンドローム構造は、対称性のある繰り返し配列がいったん1本鎖に開裂して、戻るときに違う相手と2本鎖を形成することで作られます。また並列に並んだ繰り返し配列でも「ずれて」2本鎖を形成した場合、異常な構造が作られ、やはり複製を阻害します（図3・7右）。このような構造は転写が頻繁に起こる遺伝子の周辺で生じやすいのです。というのは、前にもお話ししたように、DNAは2本鎖がねじれた「らせん」構造を取っています。たとえて言うなら2本の糸がよじれた状態に似ています。その2本の間に転写を行う酵素が割って入り、一方向に進んでいきます。

たとえば2本のよじれた糸の間に鉛筆を差し込んで、それをずらしていくような状況を想像してください。そうすると鉛筆の進行方向の前方では、よじれがさらにきつくなり、より大きなよじれを作り、やがて鉛筆が前に進みにくくなります。逆に転写の進行方向の後方では本来のねじれを解くように力が働きます（図３・８）。このようなねじれの強度の変化により、２本鎖がほどかれて1本鎖になり、パリンドローム構造ができやすくなるというわけです。

ＤＮＡの複製が止まるようなこうした状況は、細胞の増殖にとっていいことはありません。トポイソメラーゼという酵素が働いてねじれを解消しますが、それでもＤＮＡの複製が逆方向から来て（鉛筆で言うと逆方向から別の鉛筆が来て）、さらにねじれが大きくなると、トポイソメラーゼの働きが間に合わなくなる状況も起こります。

複製が止まると1本鎖が露出したままになり、そこでＤＮＡが切れやすくなります。切れたＤＮＡは姉妹染色分体間の「相同組換え」により直されます。姉妹染色分体はまったく同じ配列を持っているので、切れた末端が切れていないほうの染色分体に入り込んで、そこで複製フォークを作り直すことで複製を再開し、元に戻します（図３・９）。その間にねじれ構造が解消されていればいいわけです。

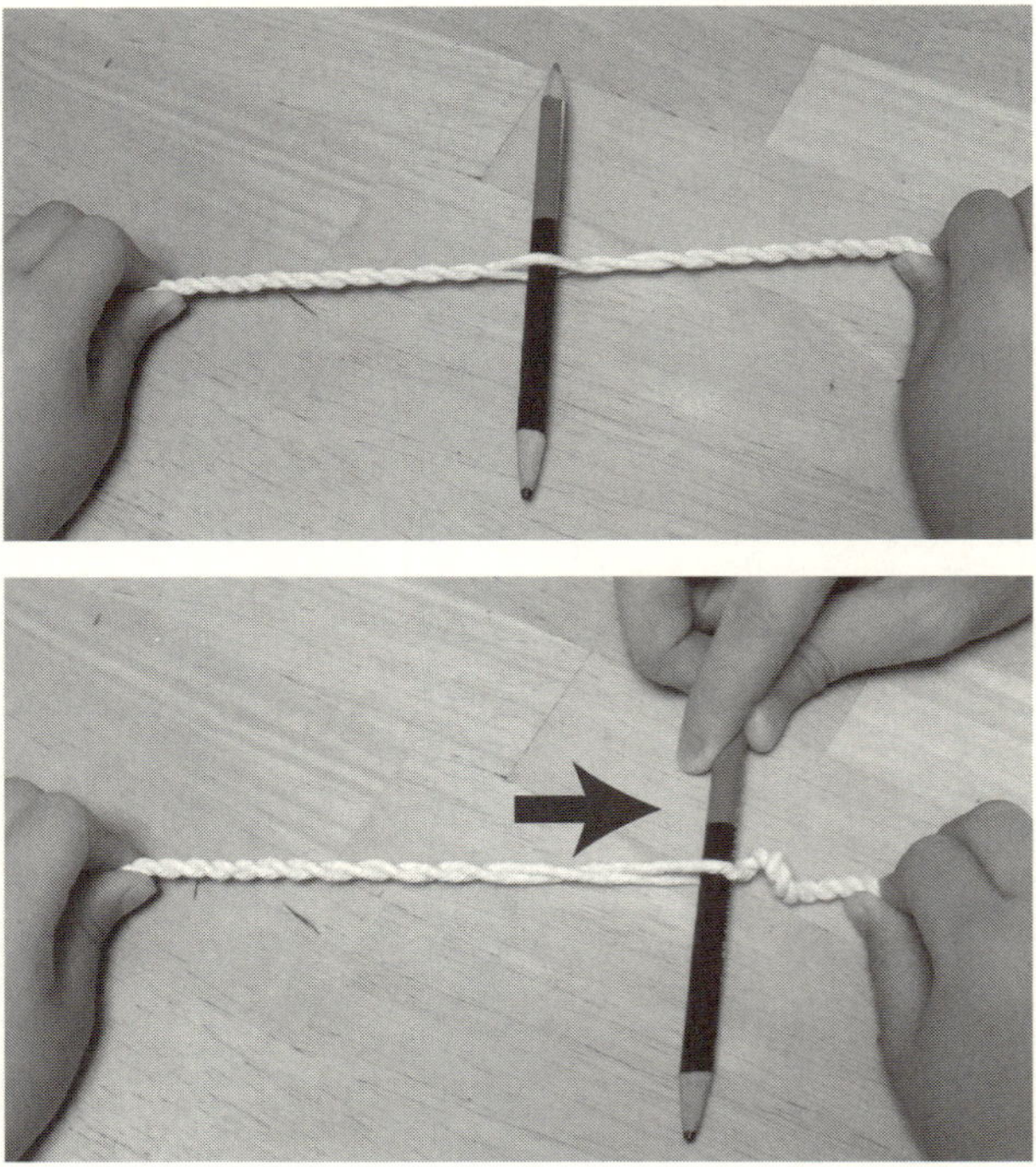

図 3.8　DNA のよじれは転写の進行により変化する。鉛筆は RNA 合成酵素を、ひもは2本鎖 DNA をそれぞれ示す。差し込んだ鉛筆を動かすと、進行方向前方に大きなよじれができる。

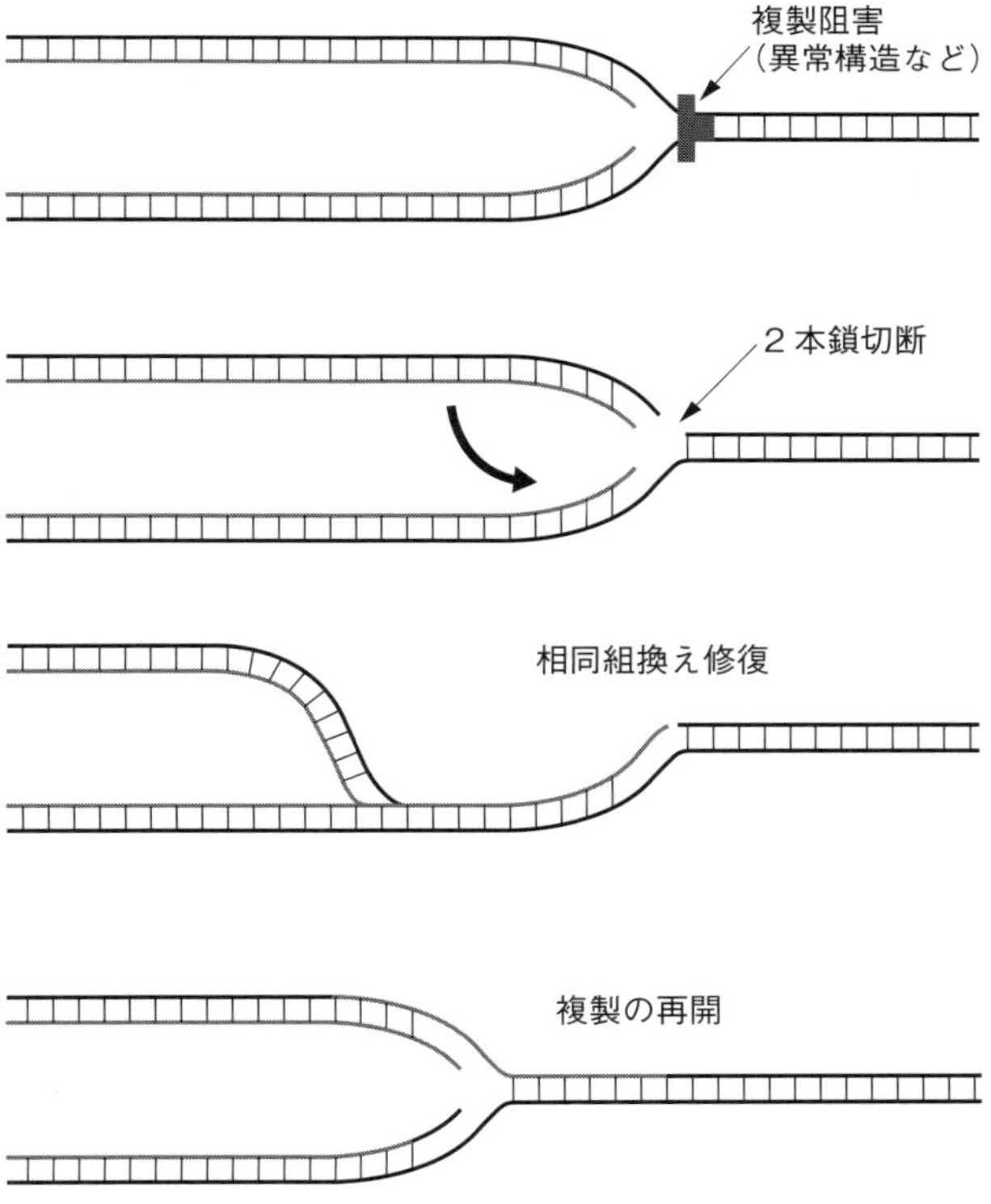

図 3.9　複製が止まると DNA が切れて相同組換えで修復される

話を元に戻しますが、パリンドロームなどの異常構造は非コードDNA領域にはたくさん存在するので、切れた末端が少しずれて隣の相同性の高い配列と組換えを起こすことがあります。そのような場合は、いったん複製された遺伝子が再度複製されてコピーが作られることになります。これが遺伝子増幅です。

最近のゲノム研究から、この遺伝子増幅が予想以上にたくさん存在し、細胞の機能や個体の性質に影響を与えていることが分かってきました。アメリカのブルーダーらは、一卵性双生児（いわゆる双子）9組について、ゲノムの比較解析を行いました。双子の一方だけに遺伝性の疾患が見られる場合があり、ゲノムの変化が想定されたためです。

一卵性の双子では、1つの受精卵が発生の初期段階で2つに分かれ、それぞれが独立に発生して2人の個体になります。そのため2人のゲノムは同一で、生後の生活環境や習慣により多少の影響を受けるとはいえ、姿も性格もよく似ているのはご存知の通りです。

一方にのみ遺伝性疾患、つまりゲノムの変化による病気が発症した場合、元々同一のゲノムに生後生じるわずかな変化がその原因となっていると考えられます。そのような双子のゲノムを比較すれば、こうした遺伝性疾患の原因遺伝子が特定される可能性が高いというわけです。ちなみに双子以外の他人同士のゲノムの比較では、同じ症状を示す遺伝性疾患の患者さん2名のゲノムを比較して共通のスニップを見つけようとしても、個人間での配列の差が数百万ヵ所も存在するため、どのスニップがその病気に関わっているか特定するのは簡単ではありません。

双子のゲノム解析の結果、副産物的に分かったのが、双子だからそっくりと思っていたゲノムが、じつはかなり違っていたことでした。この変化の多くは遺伝子のコピー数の変化（CNV、copy number variation）で、器官・臓器ごとにも見られました。最近までの研究で、このようなコピー数の変化が数万ヵ所で見られること、さらにそのうちいくつかはがん遺伝子にも見られ、がんの発症の一因となっている可能性があることが分かってきました。

進化の話に戻すと、遺伝子が増幅して複数コピーになると、増えた遺伝子は「スペア（予備）」みたいなものなので、たとえそれが生存に必須な遺伝子であっても、元の「オリジナル」があるので変化しても問題ありません。むしろ、このスペアコピーが進化では大活躍したと考えられています。そしてその登場を後押ししたのは、遺伝子の周囲にある非コードDNA領域（反復配列など）なのです。

3・6 増幅遺伝子によって進化した例――ヒトの色覚とヨザルの目

遺伝子が増幅することによって進化が起こった例を2つ紹介します。

1つ目は、目の色覚の遺伝子です。じつは、これはいまだに進化の途中にあると言ってもいいかもしれません。もっとも、多くの遺伝子はたえず増えたり減ったりを繰り返しているので、私たち生物は常に進化の途中にあると言えます。

ヒトの色覚は一般的には3色認識です。網膜にある視細胞（錐体《すいたい》細胞、桿体《かんたい》細胞）のうち、色を識別するのは錐体細胞で、3種類の細胞が存在し、それぞれ青、赤、緑の色の光を吸収するオプシンという色素タンパク質を持っています。錐体細胞が光により刺激を受け興奮すると、その信号が脳に伝えられ、興奮した細胞の割合で脳が色を識別します。

このオプシンを作る遺伝子は遺伝子増幅により増えて、染色体上の位置も移動しています。青に対する遺伝子（S遺伝子）は7番染色体に、赤と緑に対する遺伝子（L遺伝子、M遺伝子）はX染色体に並んで存在します。L遺伝子（赤）とM遺伝子（緑）は90％以上同一で、わずかな違いにより赤と緑の波長に対する反応性に違いが生じ、両者を見分けることができるようになりました。

ここでまた進化の話に戻ります。ヒトの遠い祖先である魚類、両生類、爬虫類、鳥類の多くは４つの色覚遺伝子を持ち、ヒトより幅広い波長の色を認識することができます。餌を獲ったり天敵から逃げたり、あるいは繁殖のためのパートナーを見つけたりするためには、できるだけ多くの色を識別できたほうが、都合がよかったのでしょう。

一方、私たちの直接の祖先である小型の哺乳類は、他の生物から食べられる危険を避けるため夜行性になりました。その結果、そもそも夜は暗いので色を識別する必要性が減り、たくさんの色が見えることとの優位性がなくなりました。そのぶん暗い所で働く桿体細胞をたくさん持ったほうが都合がよかったのでしょう。そのため４つの色覚遺伝子は退化してなくなり、Ｓ遺伝子（青）とＬ遺伝子（赤）のみにいったん減少したと考えられます。

その後、霊長類（サル）に進化する過程で体が大型化し、樹上生活に変わり、食べ物も木の上の果物類など多様化しました。同時に天敵から捕食される可能性も減り、生活時間帯もカラフルな果物をより見つけやすい昼行性に戻りました。そうするとこんどは色の識別能力が高いほうが、生存に都合がよくなります。そこで、Ｌ遺伝子が遺伝子増幅を起こして２つになり、さらにそのうちの１つが変異を起こしてＭ遺伝子（緑）に進化しました。これで３

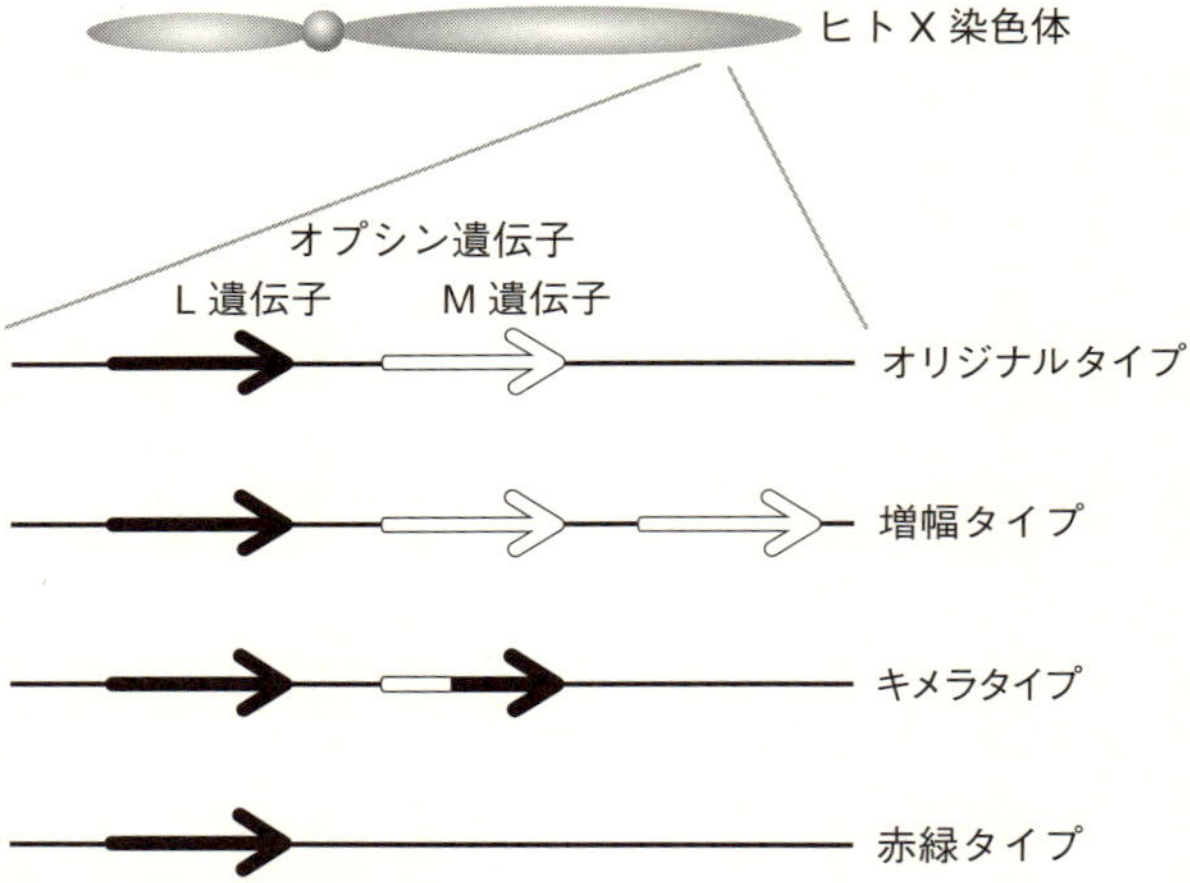

図 3.10　色覚遺伝子の多様性

つの色覚遺伝子が揃い、識別可能な色（波長）が広がったというわけです。

ただし、このM遺伝子とL遺伝子は元々1つのL遺伝子から生じたため配列が非常に似ていて、両者の間で相同組換えを起こしやすくなっています。つまりL遺伝子がさらに増幅して3つに増えたり、あるいはMとLが途中で入れ替わり、新しい組み合わせができたりするといったことが、他のゲノム領域に比べて頻繁に起こりやすくなっているのです（図3・10）。そのため、色の見え方はじつは個人によってかなり多様性がある、つまり異なっていると著者は考えています。もしかしたら、色鮮やかな絵を描く画家は、もとからそのように見える色覚遺伝子を備えているのかもしれませんね。

また、逆にM遺伝子が抜けてL遺伝子だけになる可能性もあります。こうなると緑と赤の区別がつきにくい状態になります。こうした状態は、以前より「色覚異常」と呼ばれていました。生物学者の著者としては、あまり適した名称ではないと思っています。日本遺伝学会では、「色覚多様性」という呼び名でさまざまなタイプの色覚をとらえることを推奨しています。とくに男性はX染色体を1本しか持たないので、「色覚多様性」を起こしやすいのです。一方、女性はX染色体を2本持っているので、それらが同時にL遺伝子だけにならないと表現型として「おもて」に現れないので、「色覚多様性」を起こしにくくなります。実際に日本人男性の約5%、欧米人男性では約10%が、「色覚多様性」により緑と赤の区別がつきにくい体質を持っています。これだけ多いのですから、「異常」というよりは「多様性」ととらえて、誰でも不自由のないように色使いに配慮すべきでしょう。

生物学でいうところの「多様性」というのは、進化の可能性を秘めているという意味でポジティブな言葉です。そこに差別的な意味はありません。個人個人が少しずつ違うこと、これは私たちのゲノムがまさに「多様性」に富んでいることを示しており、今後もさらなる進化を遂げる可能性を示しているのです。

次にもうひとつ遺伝子増幅による、「まさに進化」というお話をいたしましょう。すでに述べたように、視覚とは生存にとって重要な感覚であり、進化の選択要因になりやすい、つまり生活環境が変化した場合に有利・不利が出やすい、進化しやすい要素です。遺伝子増幅が最近引き起こした、顕著な進化の例を紹介しましょう。

霊長類（サルの仲間）には2つの大きなグループ（直鼻猿類と曲鼻猿類）があり、さらに直鼻猿類にはヒトも含まれる真猿類があります。真猿類のほとんどは昼に活動する「昼行性」ですが、唯一夜行性なのが中南米に生息する「ヨザル（夜猿）」です（図3・11）。ヨザルは霊長類が小型の哺乳類から進化したときに失った夜行性、つまり暗いところでも活動できる高感度な視覚を再獲得したことになります。

実際にヨザルの明暗を捉える視細胞（桿体細胞）を調べると、興味深いことがわかりました。光の通り道にはちょうど細胞の核がありますが、その中心にレンズ様の構造が存在します（図3・12）。このレンズ様構造は、マウスなどの夜行性小型哺乳類に見られますが、ヒトなどの昼行性の哺乳類にはありません。つまり、この「レンズ」のおかげで弱い光を集めることができ、ヨザルは夜目が利くようになったのです。

では、ヨザルのこの核内レンズはいったいどうやって現れたのでしょうか。じつはこのサ

図 3.11　ヨザル　©Edwin Butter/Shutterstock

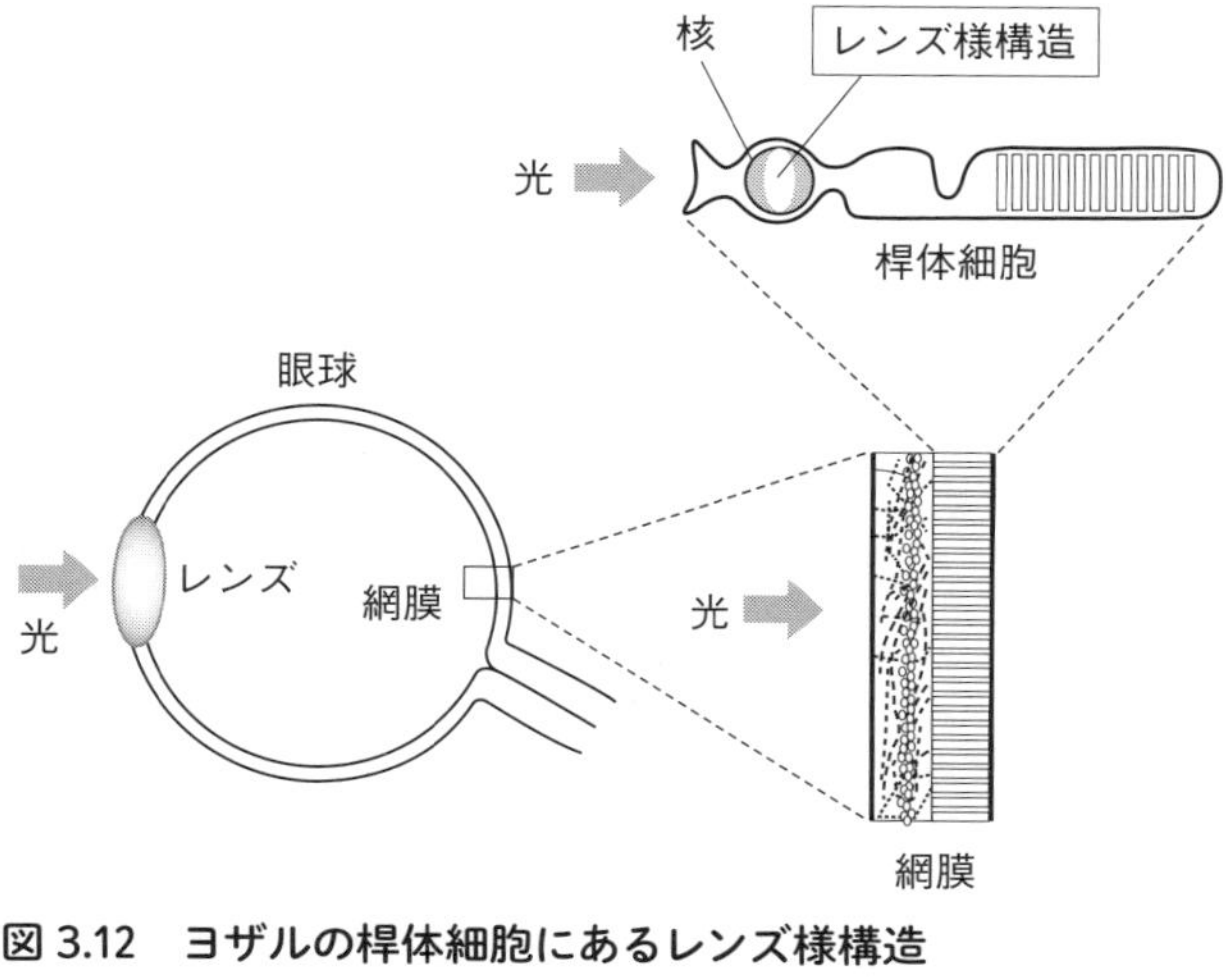

図 3.12　ヨザルの桿体細胞にあるレンズ様構造

ルはゲノムに特異的な配列を持っています。それは、すべての染色体の短腕に存在する187塩基対の繰り返し配列で、合計数十万コピー存在します。これはヨザルだけが持ち、近縁のサルにはありません。新学術領域「非コードＤＮＡ」研究班の古賀章彦（京都大学霊長類研究所）がこのOwlRepと名付けられた配列の核内の存在位置を調べたところ、興味深いことに、そのすべてが「レンズ」に集中していました。つまりこの意味不明な繰り返し配列が、レンズの正体だったのです。まさに非コードＤＮＡが新機能を獲得し、進化の原因となった好例です。

3・7 非コードDNA領域の王様、リボソームRNA遺伝子

前節の視覚にまつわる2つの話は、非コードＤＮＡ領域により新しい能力が細胞に付加された例です。同様の例は他にもあり、まだ見つかっていないものも多数あると考えられています。このような新機能を作り出す配列の他にも、もっと生物の基本的な進化に貢献した非コードＤＮＡ領域があります。それは、前にも出てきたリボソームＲＮＡ遺伝子と呼ばれる巨大反復遺伝子群です。

少しだけ、高校生物学の復習をさせてください。まずリボソームですが、これは第1章で触れたようにｍＲＮＡからタンパク質を作る「翻訳」装置です。余談になりますが、生物か生物でないかの線引きは、このリボソームを持っているかいないかによって決まります。すべての生物はリボソームを持ちます。一方、ウイルスは遺伝子（ＤＮＡ、ＲＮＡ）を持っていますが、そこからタンパク質を作り出す装置、つまりリボソームを持っていないので自力では増殖できず、「無生物」に分類されます。それくらいリボソームは生物にとって必須な装置ということになります。

リボソームは、約80種類（出芽酵母）のリボソームタンパク質と、その骨組みとなる４本のリボソームＲＮＡからなります。実質的には触媒反応、つまりｔＲＮＡが運んでくるアミノ酸を重合していく反応はリボソームＲＮＡが行います。生物の起源として、タンパク質ではなくＲＮＡが最初に触媒作用を持ち、自己複製等の生物の原型を作ったとする「ＲＮＡワールド仮説」というのがあります。リボソームＲＮＡはその名残なのかもしれません。それくらい古くから存在する、生物の中心的な装置ということになります。

リボソームＲＮＡはこうした質的な重要性のみならず、非常に多くの量が細胞内に存在しています。出芽酵母（生命科学の実験でよく用いられる酵母の一種、第2章参照）では、全タンパク質の70％がリボソームタンパク質に、全ＲＮＡの60％がリボソームＲＮＡによって占められています。すべての細胞で発現し、細胞の維持に必須の役割を担う遺伝子を「ハウスキーピング遺伝子」と言いますが、リボソームはまさにそのハウスキーピング遺伝子の「王様」なのです。

さて、進化の話に戻りますが、細菌から脊椎動物までの進化の過程で、細胞の構造および機能が複雑になっていきました。それに応じて細胞のサイズが徐々に大きくなり、リボソームＲＮＡ遺伝子の数も増加しました。

たとえば、細胞の中でも大腸菌、枯草菌など直径2マイクロメートル（1マイクロメートルは1000分の1ミリメートル）ほどのサイズが小さな細菌は、7コピーのリボソームＲＮＡ遺伝子を染色体上のバラバラの場所に持っています（図3・13）。次に真核単細胞生物である酵母菌（直径約5マイクロメートル）は150コピーを染色体の1ヵ所に並列リピート構造で持っています。それよりも大きいヒトの細胞（直径約10マイクロメートル）では、計350コピー（単数体あたり）が5つのリピートに分かれてそれぞれ別の染色体上に乗っています。

もちろんどの細胞においても、リボソームＲＮＡ遺伝子は最多の遺伝子です。以上のこと

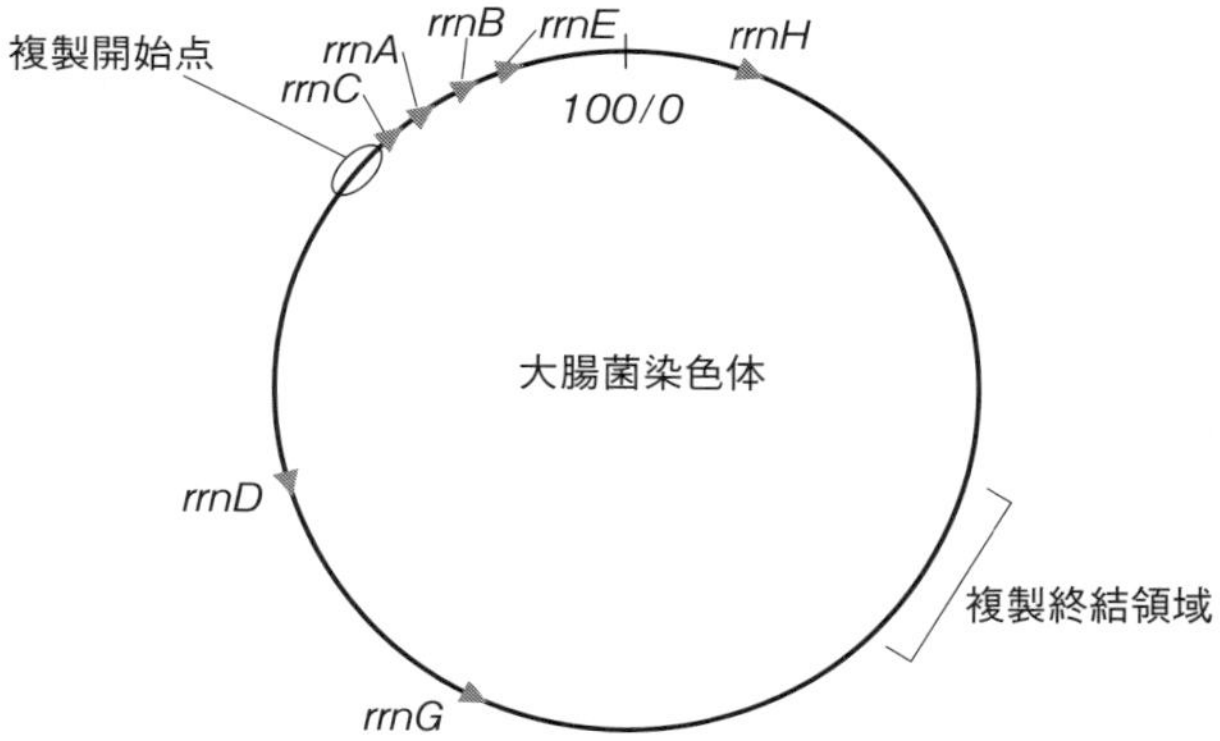

図 3.13　大腸菌環状染色体に散在するリボソーム RNA 遺伝子

からも、進化の過程でリボソームRNA遺伝子のコピー数が増えることが細胞のサイズの大型化に重要だったことがうかがえます。

著者はリボソームRNA遺伝子の専門家で、この研究に青春を捧げてきました。前にも取り上げたように、リピート配列はこんがらがりやすく不安定です。そのままだと、リピート間の相同組換えによりコピーは徐々に脱落して減っていきます。しかもリボソームRNA遺伝子は他のリピートとは異なり、遺伝子であるため、転写しないといけません。つまりヘテロクロマチン化により抑え込むことはできないわけです。そこで、細胞は高いコピー数を維持するための別の「すご技」を進化により獲得しました。それがリボソームRNA遺伝子独特の増幅作用です。

これまでの研究により、リボソームＲＮＡ遺伝子の増幅機構のほぼ全容が解明されています。その作用は、やはり非コードＤＮＡ領域によってコントロールされています。図３・14に出芽酵母のリボソームＲＮＡ遺伝子の構造を示しました。この並列に繰り返した構造は、真核細胞では共通です。１つの繰り返し単位が約９０００塩基対で、約１５０コピーが12番染色体上に存在します。９０００塩基対のうち約６０００塩基対がリボソームＲＮＡ遺伝子（35S rDNA）、残りの遺伝子と遺伝子の間の領域３０００塩基対が非コードＤＮＡとなります（注：リボソームＲＮＡ遺伝子自身もタンパク質をコードしていないという意味では狭義の非コード領域です。ここでは遺伝子と非遺伝子ということで便宜上区別しておきます）。

遺伝子間領域の非コードＤＮＡには、遺伝子増幅に必要な３つの装置（配列）が存在します。１つ目は、複製開始点（複製起点）です。遺伝子が量的に増えるためにはＤＮＡの複製が必要ですね。２つ目は複製阻害配列。これは特殊で、リボソームＲＮＡ遺伝子だけに存在する配列です。前にも触れましたが、通常は複製を途中で止めては絶対にダメです。なぜならそこから先の領域が複製されずに、細胞分裂時にどちらかの細胞で染色体の一部が失われてしまうからです。あるいは止まったところでＤＮＡが切れて、どこか変なところとつなが

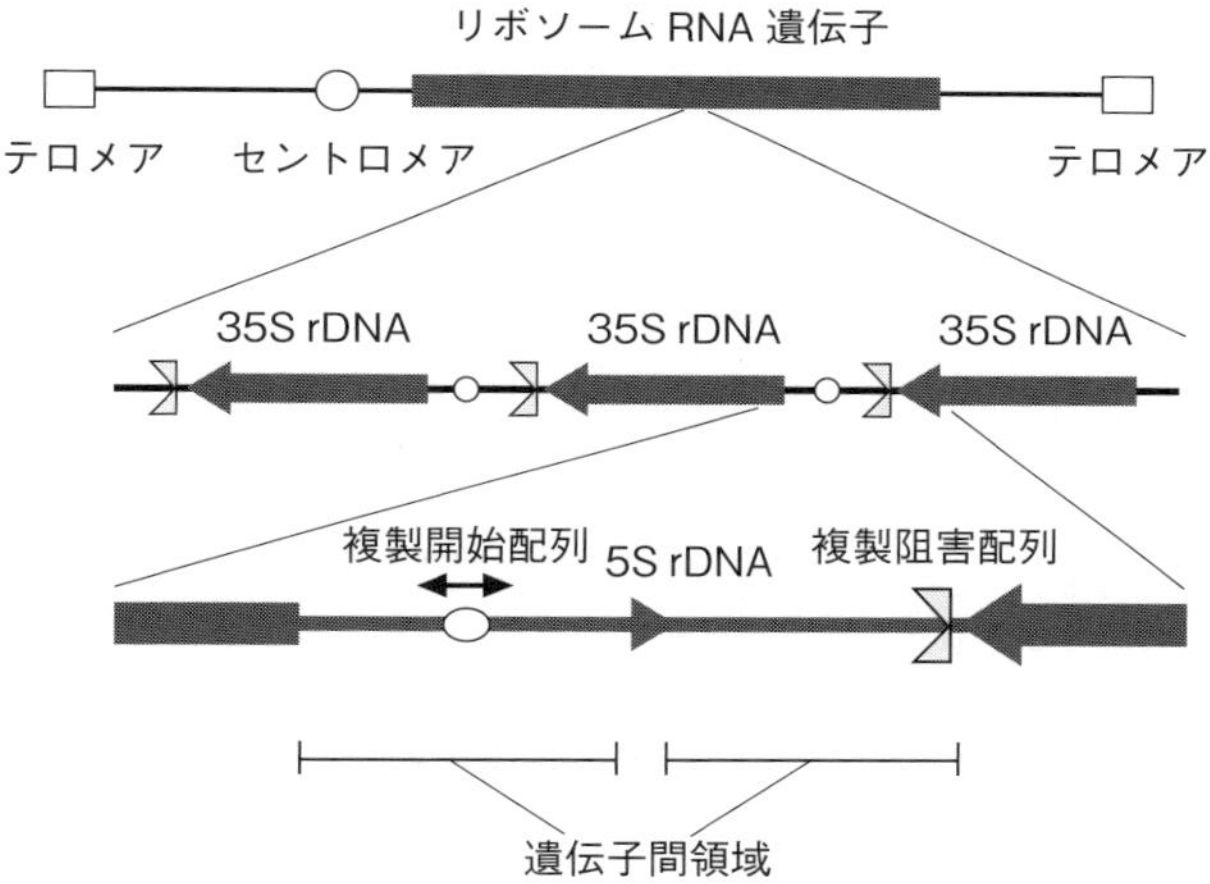

図3.14　出芽酵母のリボソームRNA遺伝子

ってしまえば、ゲノムの不安定性の原因となります。

この「危険な」複製阻害配列をわざわざリボソームRNA遺伝子のお尻付近に置いているのは、リスクよりもメリットを重視した結果です。そのメリットとは、この配列で複製を止めてDNAを切ることであえて不安定化を引き起こし、増幅のための組換えを誘導することです。

図3・15では、複製開始点から両方向に始まった複製のうち、右方向に進む複製が止められます。ちなみに反対側からくる（左方向に進む）複製は止めません。止められた複製フォークは、１本鎖が露出した部分で切られ修復されます（図では２本鎖

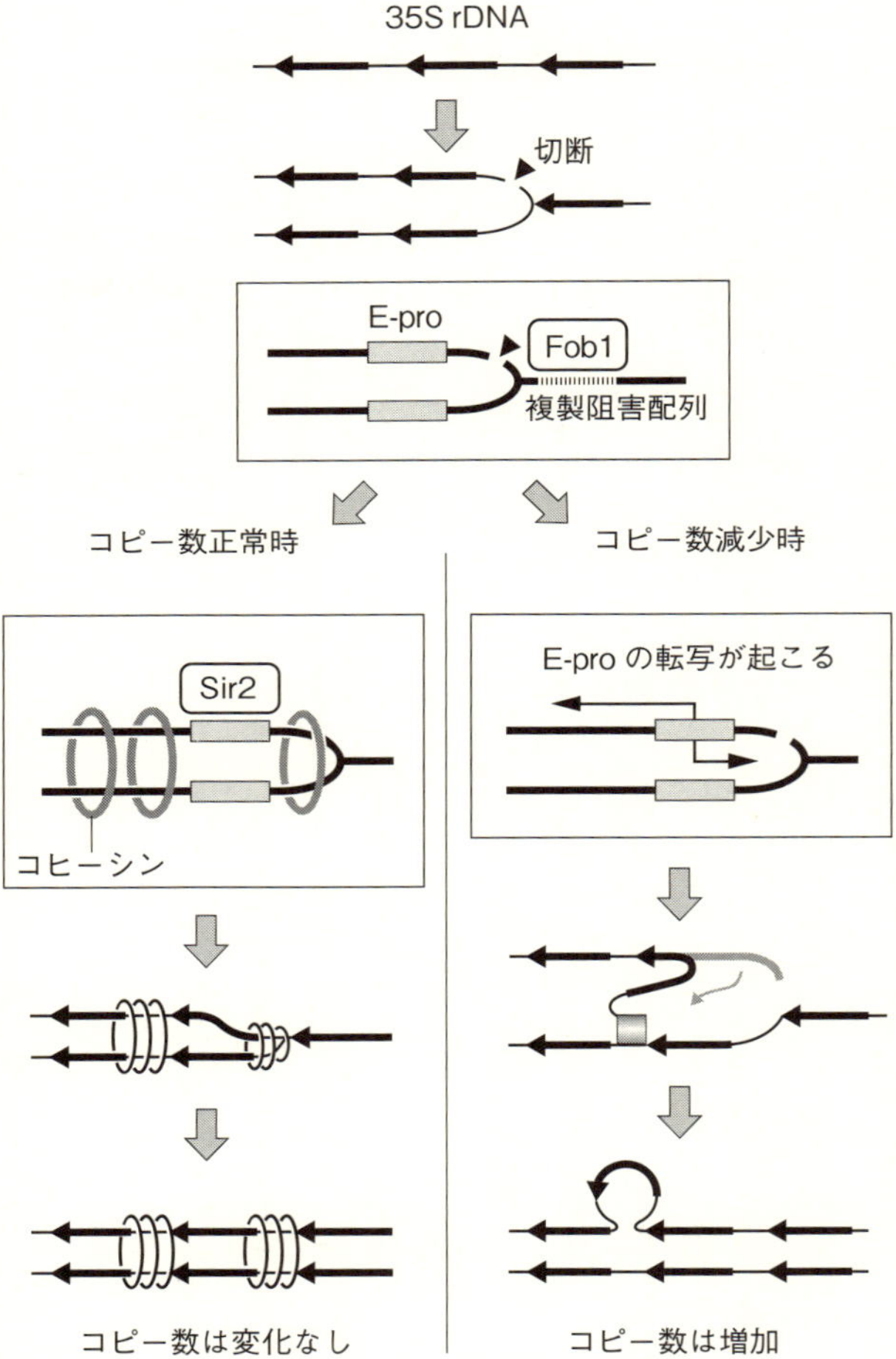

図 3.15　リボソーム RNA 遺伝子の増幅作用

のみ記載)。通常はすぐ下に複製によって作られた同一配列の姉妹染色分体があるので、この章の「遺伝子増幅と進化」(図３・９参照)の節で述べた通り、組換えによる修復が起こり、複製フォークを作り、複製を再開します。ところがここからがミソですが、リボソームＲＮＡ遺伝子のような反復遺伝子では、切れた配列と同じ配列がたくさんあります。そのため、たとえば隣のコピーに「ずれて」組換えを起こすこともあります。その場合には、一度複製された遺伝子が再度複製されることになり増幅します(図３・15右)。

さらに増え過ぎを防ぐ機構も備えています。コピー数が増え、通常のレベルまで増幅すると、それまで発現していた「非コードプロモーター(E-pro《イープロ》)」が転写を停止します(図３・15左)。これが３つ目の装置です。非コードプロモーターとは、プロモーターだけが存在し、その横には遺伝子がないという意味です。

転写が停止すると、それまでこの転写のために結合できなかった姉妹染色分体をつなぐリング状のタンパク質(コヒーシン、図２・18参照)がその周辺に集まってきて、両者を接着します。そのため、複製阻害配列で切れたＤＮＡがそこからずれずに、すぐ下の姉妹染色分体と強制的に組換えを起こし修復され、コピー数の増加は起こりません。この増幅システムは、酵母のみならずヒトでも存在しています。つまり、現在も絶対に必要なシステムということです。

この増幅システムの登場のおかげで、リボソームの大量生産が可能になり、多機能の大きな細胞を維持できるようになりました。そしてこのシステムは、非コードＤＮＡによって支えられているのです。

第4章 非コードDNAの未来

これまで、おもに非コードDNAが進化にどのように貢献してきたか、つまり過去にどれだけ活躍してきたか、ということをお話ししてきました。本章では現在、そして未来において非コードDNAが果たす役割についてお話しします。

4・1 小さな遺伝子の謎

ヒトゲノムプロジェクトにより、タンパク質をコードする遺伝子が2万2000個であることが分かりました。この数は、ヒトよりもずっと単純な体を持っている他の真核生物とあまり変わりません。たとえば1000個程度の細胞しか持たない線虫（*C.elegans*）の遺伝子数は1万9000個です。

一方、第3章でも触れたように、ヒトを形作るタンパク質は5万~10万種類あると言われています。遺伝子数よりもはるかに多いですね。前述の選択的スプライシングなどでエクソンの組み合わせを変えることで、遺伝子の数よりも実際には多くのタンパク質を作っているというのがひとつの説明ですが、その反対に、遺伝子自体の数がもっとたくさんあってもおかしくないとする考えも根強く残っています。

じつは、ゲノムのうち、どこが遺伝子でどこが遺伝子ではないのかというのを判断するのは、そう簡単ではありません。タンパク質をコードする遺伝子の場合、だいたい次のような手順で遺伝子を検索します。

まず、塩基配列が〝ATG〟で始まり、アミノ酸を指定する3つ組（コドン）が連なる読み枠（open reading frame、ORF）が、ある程度の長さ以上になっているかどうかを調べます。次に、そのDNA配列から作られたmRNAを探します。最後に駄目押しで、そのORFに対応するタンパク質を探します。

本来なら、細胞内のすべてのタンパク質が見つかればそれがいちばん確実ですが、組織や細胞によってタンパク質の発現量が少ない遺伝子はたくさんあります。そのため、DNA配列からの予測に頼らざるをえません。この方法では、ORFを探すためのパラメーターの2つ、つまり〝ATG〟でいいのか、ある程度の長さとはどのくらいか、を変更すれば、予測される遺伝子の数は変わってきます。

タンパク質の大きさは、ある程度の構造を維持し、酵素活性を持つくらいの大きさということで、１００アミノ酸程度が最小とされています。それ以下（50~１００アミノ酸）はペプチドと呼ばれ区別されていますが、それでも実際に機能があれば立派な遺伝子です。もう少し遺伝子の認定条件を緩くして、小さなORFにも注目して遺伝子探索を行うと、興味深いことに真核細胞の遺伝子（ORF）の上流に、小さなORFがたくさん見つかってきました。

これらの転写は、下流（隣の普通のサイズ）の遺伝子とひとつながりで起こり、1つのmRNAに乗っています。ただ、短いので翻訳されて何か仕事をしているとは考えられていませんでした。そこでDNA配列を操作して塩基3つの読み枠（フレーム）をずらし、小さなORFからのペプチドのみができないように壊して影響を調べたところ、下流の普通サイズのタンパク質の発現量が変化したのです。mRNAの量自体は変化していなかったので、翻訳段階で調整に関わっているようです。

さらに最近では、リボソームプロファイリングという方法も用いられます。この手法で、リボソームとくっついているRNAを全部回収してきて、それらを次世代シーケンサーで配列決定したところ、上流の小さなORFから作られたほとんどのRNAにも、しっかりリボソームがくっついていることが分かりました（図4・1）。つまり、翻訳されているわけです。

なんと全遺伝子の30〜50%で、上流に小さなORFが見つかりました。そのうちいくつか

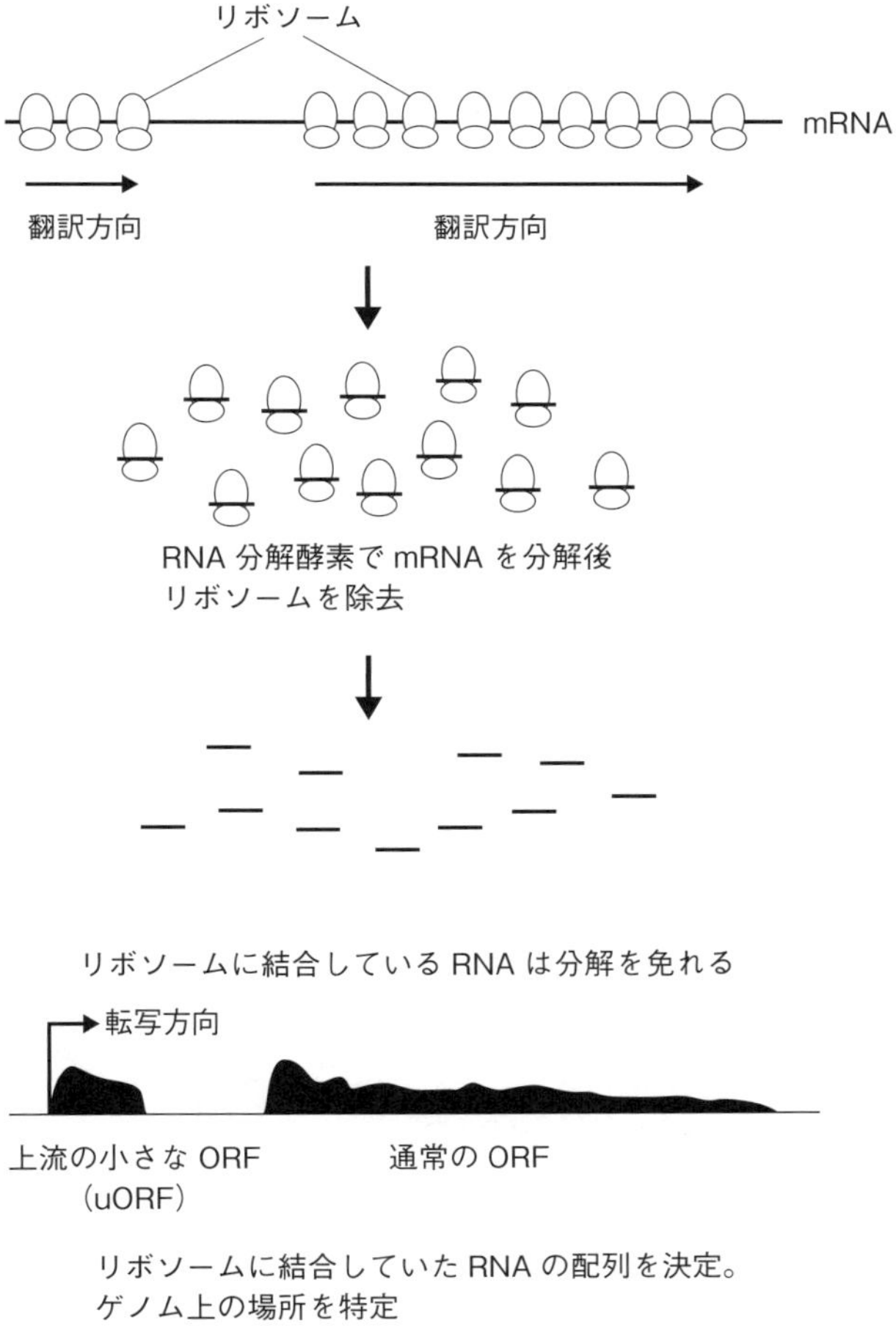

図 4.1　遺伝子上流の小さな遺伝子を検出する方法

は、下流の翻訳抑制に働いていることがすでに確かめられていますが、ほとんどはまだ調べられていません。これら上流ORFによる遺伝子の発現制御は創薬、たとえばがん治療のためのがん遺伝子の発現を抑える薬の開発などに役立つ可能性があります。

またもうひとつの新しい発見として、このリボソームプロファイリングで、DNAから転写されたmRNAにおいて、通常の開始コドン〝AUG〟以外から翻訳が始まっていることも分かりました。非コードだと思われていた領域がじつはコード領域だったわけで、まだまだ非コードDNA領域は奥が深そうです。

4・2 偽遺伝子が支える遺伝子発現制御

非コードDNA領域には、レトロトランスポゾンなどの「異物」的なもの以外にも、遺伝子増幅により増え、その後お役御免になった遺伝子の「化石」である「偽《ぎ》遺伝子」が存在します。

ヒトのゲノムでは、その数は機能している「真」の遺伝子以上で、約3万個も存在しています。これらの中には、機能を持った非コードDNA（インターメア）として蘇《よみがえ》って活躍しているものがあります。たとえば、ひとつは前章でお話しした小分子RNAのようなRNA産物ができて、転写抑制などの生理作用を獲得したものです。偽遺伝子は当初は遺伝子増幅作用により遺伝子のコピーとして作られたと考えられていますが、時間の経過とともに変異が蓄積し、タンパク質はもはや作れなくなっています。遺伝子としての機能は失われていますが、その領域からの転写産物は、元の遺伝子転写産物の「偽物」として働く場合があります。

これはマウスで発見された例ですが、マウスのゲノムにランダムな変異を導入した実験により、発達異常のマウスが偶然作られました。このマウスのゲノムの変異箇所を調べたところ、そこには遺伝子はなく、代わりに偽遺伝子があったのです。興味深いことにその偽遺伝子は、タンパク質は作れないものの、いまだに転写だけはされており、新たに変異が入ったことによりその転写量が減少していました。

そこで、この新たに変異が入った偽遺伝子の元となったオリジナルの遺伝子の転写量を調べたところ、なぜかそちらも減っており、そのオリジナル遺伝子の発現低下により発達異常が引き起こされたことが分かりました。

解析の結果、オリジナルの遺伝子の転写産物（ｍＲＮＡ）はもともと分解されやすい性質でしたが、偽遺伝子の転写産物が多くあったおかげで、そちらが「おとり」となり、分解を免れていることが分かりました。そのため、偽遺伝子の転写産物が減るとオリジナルの遺伝子が分解されやすくなり、異常が発生したわけです。

またマウスの卵からも、偽遺伝子から転写された小分子ＲＮＡが多数見つかっています。それらのいくつかは、オリジナル遺伝子の発現抑制に関わり、発生過程で重要な役割を担っていることも分かっています。

もうひとつの偽遺伝子の活躍の例としては、鳥類の免疫機構が挙げられます。免疫機構とは、ご存知のように生体の防御システムのひとつで、体内に異物が侵入したときに、その異物特異的な抗体を作製し、排除する働きです。１つの抗体産生細胞（リンパ球）は１種類の抗体しか作らないため、あらゆる異物に対応するために、何億種類もの抗体産生細胞をあらかじめ作って用意しておく必要があります（第２章図２・20参照）。たとえばヒトでいうと、インフルエンザの予防接種では無毒化したインフルエンザのタンパク質を接種し、それに対する抗体を作るリンパ球を活性化しておくと、本物のインフルエンザウイルスが侵入してきたときに、即座に抗体を作り重症化しなくてすむわけです。

さて、偽遺伝子の話に戻りますが、ニワトリの抗体遺伝子は、図４・２のように免疫グロ

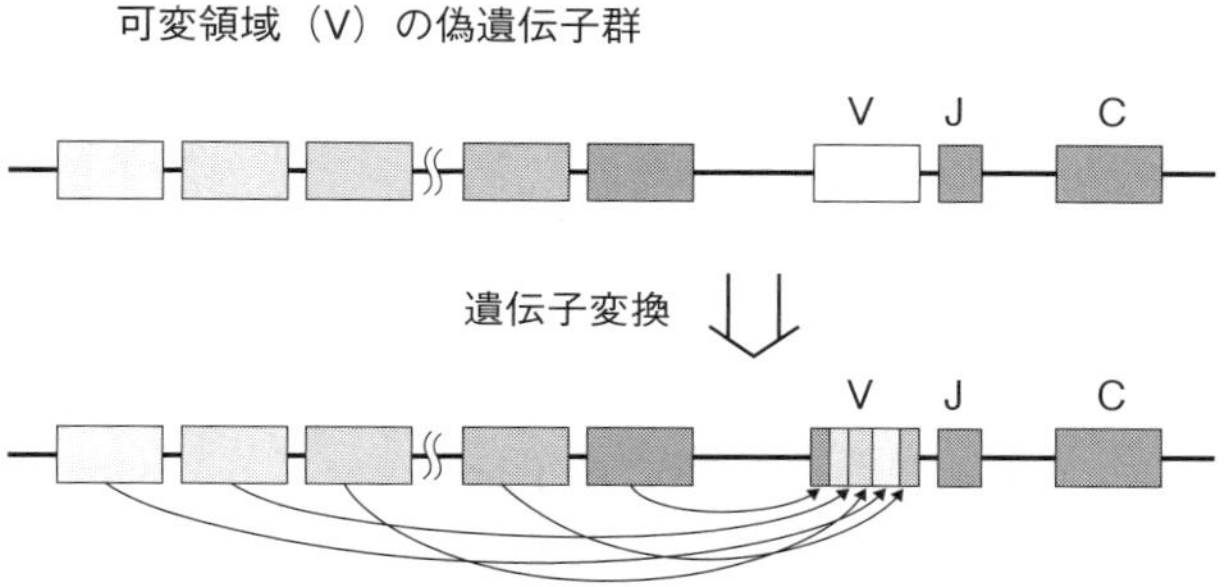

図 4.2　ニワトリの偽遺伝子による抗体遺伝子の多様性の確保

ブリン遺伝子のＣＪＶ領域の後ろに遺伝子増幅で増え、そのあとで変異が入り偽遺伝子化したＶ領域が約25個並んで存在しています。この構造で、何億種類もの抗体遺伝子を作り出します。そのからくりはこうです。

まず、リンパ細胞（Ｂ細胞）の分化時に、偽遺伝子化したＶ領域の配列情報が、酵母の接合型変換のところでも出てきた「遺伝子変換」という一方方向の組換えにより、オリジナル遺伝子のＶ領域に写し取られます。これが何度もランダムに起こるため、細胞ごとに異なる配列を持つ何億種類ものリンパ細胞が作られるわけです。

ところで、ニワトリで例示した鳥類における抗体遺伝子の多様性獲得方法は、第２章の第８節（図２・20）で説明したヒトなどの哺乳動物のそれとはかなり異なります。ヒトの抗体遺伝子では、それぞれ複数個あるＪＣＶ領域から１つずつ選ばれて多数の組み合わせができる

「カセットの組み合わせ」により再編成が起こるのに対して、ニワトリのそれは「配列の混ぜ合わせ」によって起こります。さらにニワトリのV領域の偽遺伝子は、他の領域に比べてB細胞分化時にとくに変異が入りやすいことが知られています。このように変化がやたらに起こっても、プラスのことしか起こらないのは、非コードDNAであるがゆえのなせる業《わざ》です。

4・3 非コードDNAがダメージからゲノムを守る

私たちのゲノムDNAは、つねに内的、外的な要因により傷つけられています。内的要因としては、細胞内の酸素呼吸の結果、ミトコンドリアから生じる活性酸素によるものが大きいです。

活性酸素とは、その名の通り活性のある酸素で、DNAやタンパク質などの生体高分子を酸化、つまり「錆びさせ」ます。たとえばDNAの材料のひとつグアニン（G）は、酸化されると8－オキソグアニン（酸化グアニン）という物質になります（図4・3）。厄介なことに、DNAに取り込まれた8－オキソグアニンは、複製時に普通のグアニン（G）がシト

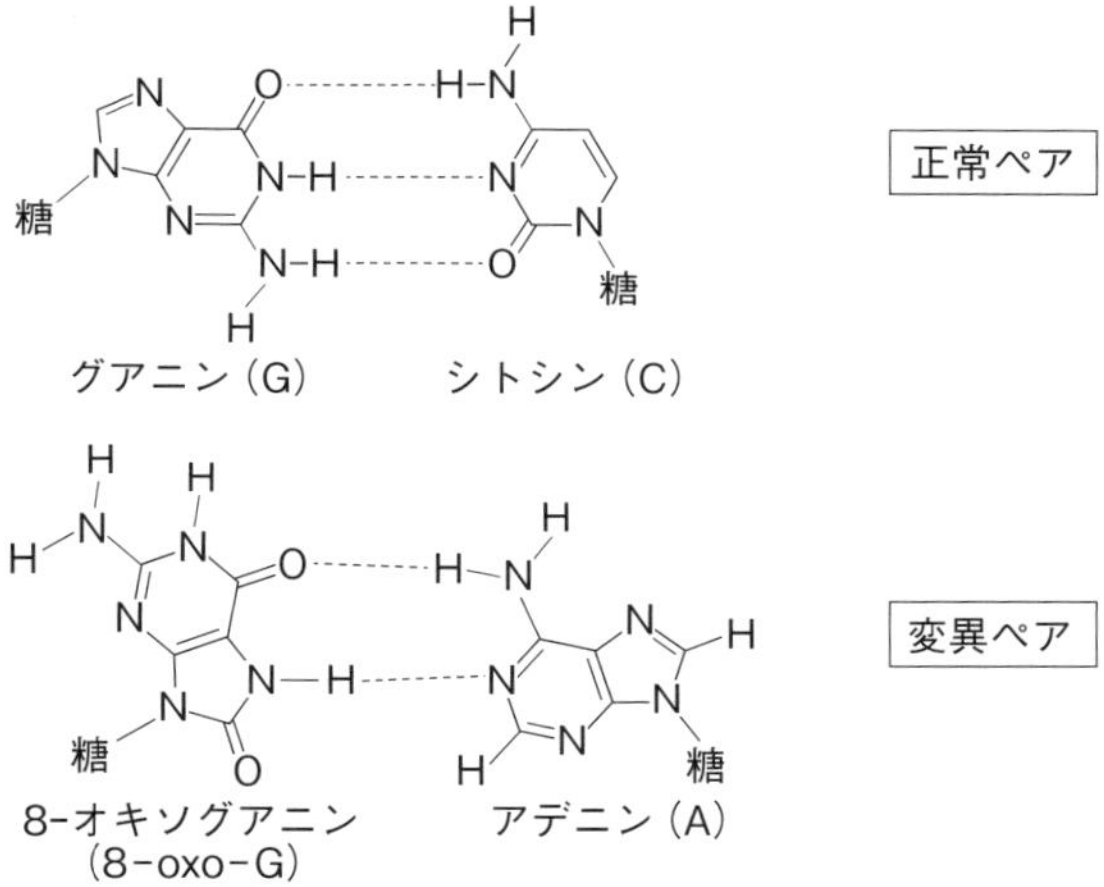

図 4.3　8‐オキソグアニンはアデニンと結合して変異を起こす

シン（C）と対合するのに対して、アデニン（A）と結合してしまう場合があります。この間違って取り込まれたアデニンは、次の細胞分裂時のDNA複製でチミン（T）と対合するので、結果的にG―Cの組み合わせがT―Aに変異してしまうことになります。

　さらに厄介なことに、8‐オキソグアニンは加齢にともない細胞内の量が増えていきます。もちろん、細胞もだまってこの錆を放置しているわけではありません。DNAグリコシラーゼという酵素が、DNAに取り込まれた8‐オキソグアニンを見つけ出し、その後修復酵素により普通のグアニンと入れ替えます。しかし100%直せるかというと、当然見過ごされるものもあるので、徐々にゲノムに変異が溜まっていくことになります。

一方、外部からのDNAに対する傷は、空から降ってくる放射線や紫外線、あるいは口から入る化学物質により引き起こされます。福島の原発事故以来、放射線の人体に及ぼす影響について関心が高まっていますが、じつは弱い放射線は自然にも存在し、たえず私たちの細胞に少なからず影響を与えています。

これらの外部からの影響によるDNAの傷には、大きく分けて2つの種類があります。ひとつは2本鎖DNAのうち1本に傷が入る場合です。もっとも多いのは、紫外線により作られるチミン2量体（チミンダイマー）で、1日に数万～数十万ヵ所で生じます。海水浴などに行ったらもっとたくさんできます。

チミン2量体とは、読んで字のごとく隣り合うチミン残基同士が紫外線によって結合してしまう現象です。これは、放っておくとそこで複製が停止して切断が生じ、変異が入ってしまう可能性があるため、できるかぎり取り除く必要があります。

こうした傷を取り除く方法には、細菌や植物が持っているチミン同士の結合を外す光回復機構、あるいは、塩基のみを取り除いて入れ替える塩基除去修復機構、ヌクレオチドごと入れ替えるヌクレオチド除去修復機構があります。いずれも２本鎖ＤＮＡのうち１本のみの修復作業なので、修復により配列が変化することは、間違った塩基やヌクレオチドが取り込まれない限りありません。８－オキソグアニンの修復やＤＮＡのエラーにより間違った塩基が取り込まれた場合も、塩基除去修復機構やヌクレオチド除去修復機構により直され、変異が生じるのを抑えます。

外部からの影響により引き起こされるもうひとつのＤＮＡの傷は、エネルギーレベルの高い放射線（X線など）や発がん性の強い化学物質などによるＤＮＡの２本鎖切断です。

前に述べたように、細胞周期のＤＮＡ合成期に複製が途中で止まってＤＮＡの２本鎖切断が起こる場合には、姉妹染色分体との組換え修復により完全に元の状態に戻されます。しかし、それ以外の細胞周期、たとえばヒトの体細胞の多くはG1期あるいはG0期というＤＮＡ複製が始まる前や分裂を休止した状態ですが、その時期に起こったＤＮＡの２本鎖切断は、姉妹染色分体がないため、それを鋳型としてコピーする相同組換え修復では直されません。それではどうするのかというと、切れたＤＮＡの切れ端を少し削って整えて、そのままつなげます。相同組換えのように相同配列を探し出す手間がないので、簡単で迅速です。これを非相同末端結合修復といいます。

ただし、この非相同末端結合修復には大きな欠点があります。お分かりのように、必ずと言っていいほど配列の一部が失われるのです。したがって矛盾しているようですが、修復されると、切れ目はつながりますが変異が入ることになります。遺伝子の配列が1つでも失われると、そこで3つ組の読み枠がずれて、もはや正常なタンパク質は作られなくなります。普通に考えたら副作用が強すぎてよくない直し方ですね。しかし動物、植物ともに、もっともよく使われている修復方法です。

じつは、これを可能にしているのは、巨大な非コードDNA領域の存在です。ヒトではゲノムの98%がタンパク質の読み枠ではないので、そこでは配列が一部失われてもすぐには影響はありません。大げさな言い方をすれば、非コードDNA領域がハズレの標的となり、放射線から遺伝子を守っているということになります。

このような「ハズレの標的」を増やして放射線のダメージをかわす以外にも、もっと積極的に非コードDNA領域がゲノムを守っている方法もあります。著者らがかつて行った実験を紹介しましょう。再びリボソームRNA遺伝子が登場します。

先に、リボソームRNA遺伝子はコピーが100以上あるという話をしましたが、不思議なことに、その半分のコピーはまったく転写されていません。これは酵母でもヒトの細胞で

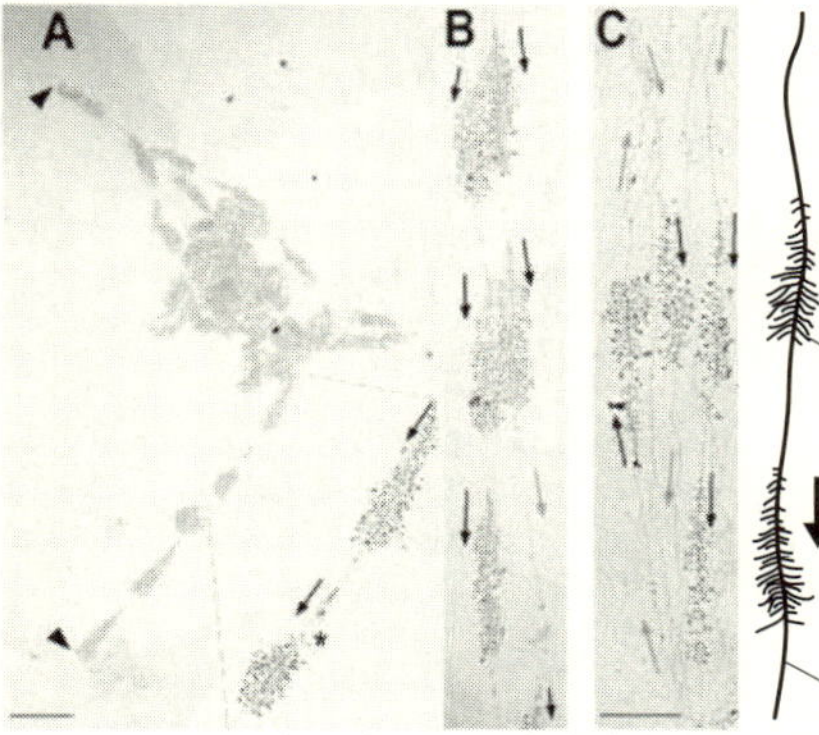

図 4.4　リボソーム RNA 遺伝子には活発に転写されるコピー（黒矢印）とまったく転写されないコピー（グレーの矢印）がある

（写真引用：French et al., 2003, Mol Cell Biol.）

も同様です。

一方、転写されているコピーはその勢いがすさまじく、ＲＮＡ合成酵素がこれ以上は乗っかれないという状態で活発な転写が行われています（図４・４）。１つの遺伝子上に数十の転写酵素が同時進行でＲＮＡを合成するため、遺伝子の後ろに行くほど長いＲＮＡができます。それらが「木の枝」のように見えることから、クリスマスツリー構造と呼ばれています。電車にたとえたら、いくつかの車両だけをぎゅうぎゅう詰めの満員にしているようなもので、そんな不自然なことはせずに、全部の

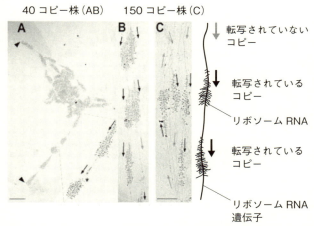

コピーを適度に転写すればいいのでは、と普通は考えてしまいます。しかし、そうはせず無理にでも転写されないコピー、つまり「非コードDNA領域」と同じ状態を作り出しているわけです。

このまったく転写されないコピーの役割を探るため、著者らは酵母で面白い実験を行いました。まず遺伝学のトリックを使って、もともと150コピーある出芽酵母のリボソームRNA遺伝子を40コピーまで減らしました（図4・4AとB）。そうすると、さすがに転写されないコピーを確保する余裕がなくなり、嫌でもほとんどのコピーが転写されるようになります。それによって、この細胞にどのような不都合が出るかを調べたところ、成育、寿命、有性生殖等はまったく正常でした。しかし、興味深いことに、放射線などによるDNAの「傷」に対して、弱くなってしまったのです。

さらにそのメカニズムについて調べると、使われないコピーは、DNA修復酵素の「足場」として働いていることが分かりました。つまり転写が行われているところは、転写酵素があるためにDNA修復酵素のいくつかが接近できずうまく働けません。代わりに転写されない部分、すなわち非コードDNAからエントリーする必要があるようです。ゲノムを修復してその安定性を保つためには、非コードDNA領域が絶対に必要なわけです。

4・4 非コードDNAが生き物の寿命を決める

さて非コードＤＮＡ領域がゲノムの安定のために働いているとなると、次に気になるのは、細胞老化との関係です。

ヒトの遺伝性疾患で「早期老化症」というまれな病気があります。患者さんの多くは思春期以降老化が急速に進行し、平均50歳前後で亡くなります。早期老化症にはいくつかの種類がありますが、１９９０年代にほとんどの原因遺伝子が見つかりました。興味深いことに、それらはすべてＤＮＡの修復に関わる遺伝子でした。つまりＤＮＡの修復効率が低下しゲノムが不安定化すると老化が促進され、寿命が短くなるわけです。

早期老化症の患者さんの細胞を培養して分裂可能回数を測定すると、正常なヒトの細胞に比べて早く老化し、分裂を停止します。つまりゲノムの不安定性が細胞の老化を促進し、さらに個体の寿命を短縮させているというわけです。

「ゲノムの不安定性」で思い出されるのは、たびたび登場しているリボソームＲＮＡ遺伝子です。これまでのリボソームＲＮＡ遺伝子の登場は、これから述べる現象の前振りのような

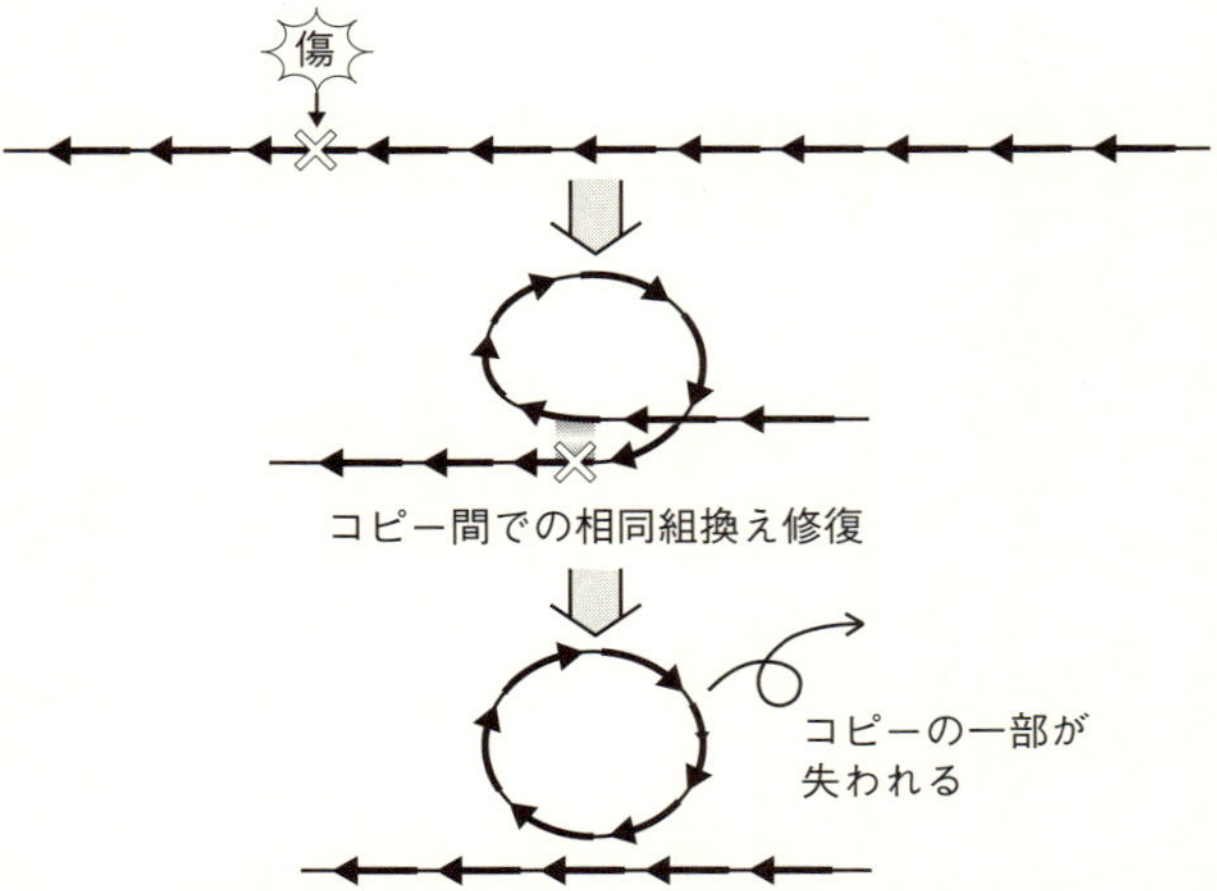

図 4.5　反復遺伝子ではコピー間の組換え修復によりコピーの一部が失われる

もので、ここからがこの巨大な非コードDNA領域が持つ最も興味深い性質です。

先に説明したように、リボソームRNA遺伝子は何度も繰り返して存在する反復遺伝子で、コピー数が減ったり増えたりするのを繰り返す唯一の領域です。コピーが減るときには、偶発的に起こるコピー間での組換えにより一部が抜け落ちます（図4・5）。そして次に遺伝子増幅作用により、積極的に複製を阻害して組換えを誘導し、コピー数を回復させます（図3・15参照）。このように、つねに長さが変化しているような領域は他にはありません。別の言い方をすれば、リボソームＲＮＡ遺伝子はゲノム中で最も不安定な領域ということになります。

著者は30代の前半、基礎生物学研究所の助手（今でいう助教）の時代に、この変動（ゆらぎ）と回復（恒常性の維持）を繰り返す、いかにも生物らしいリボソームＲＮＡ遺伝子の魅力に取りつかれてしまいました。そして、現在までにそのコピー数の増幅機構のおよそのメカニズムについては解明できたと思っています。

復習になりますが、リボソームＲＮＡ遺伝子のコピー数の増幅機構の主役となるのは、第３章の最後でお話ししたＤＮＡの切断をわざと引き起こす複製阻害タンパク質（Ｆｏｂ１《フォブワン》）と、その後の「ずれ」を生じさせる非コードプロモーター（E-pro《イープロ》）です。Ｆｏｂ１はつねに発現しており、コピー数の調整に関わるのはE-proからの転写量です。E-proの転写は、第２章で出てきたヒストン脱アセチル化酵素Ｓｉｒ２《サーツー》によって抑制されています。リボソームＲＮＡ遺伝子のコピー数がなんらかのアクシデントで減少すると、Ｓｉｒ２の発現量が減少します。するとE-proが誘導されて転写が起こり、ＤＮＡ切断後の「ずれた」組換えが引き起こされるようになり、コピー数が増加するわけです。

まとめると、Ｆｏｂ１はＤＮＡを切断して組換えを誘導し、これによりリボソームＲＮＡ遺伝子はコピー数が変動し不安定化（増幅）します。Ｓｉｒ２は逆にE-proを抑制してコピーシンの結合を促し、これらが姉妹染色分体をつなぎとめて「ずれ」を防ぎ、リボソームRNA遺伝子のコピー数の変動を抑えて安定化します。たとえば、酵母の実験で複製阻害タンパク質Fob1を壊した株では、まったくコピー数が変化せず、逆にSir2を破壊した株では、DNA切断後の末端が「ずれ」まくり非常に不安定になります。

さて、ここで寿命の話に戻ります。先ほどゲノムの不安定性が老化を誘導するという話をしました。そしてリボソームRNA遺伝子は、ゲノムの中で最も不安定なところです。それで考えられるのは、リボソームRNA遺伝子が実質的なゲノムの安定性を決めているのではないかということです。これを「細胞老化のリボソームRNA遺伝子（rDNA）仮説」といいます。

そこで、この仮説を検証するために、著者のグループ及びアメリカのMITのガレンテのグループは、Fob1およびSIR2を破壊した酵母株の寿命を測定しました。興味深いことに、Sir2破壊株では細胞の寿命（生涯分裂可能回数）が半分に短縮し、逆にFob1破壊株では1・5倍に延長しました。これはヒトの寿命にたとえると、80歳が120歳に延びるのに相当します。さらにこんどは、破壊ではなく、遺伝子数を増やすと逆の現象が起こりました。つまりSir2タンパク質を増やすと、寿命が30％ほど延びたのです。

これはすごいというので、次に著者らは、E-proを別の人為的に調節できるプロモーターに入れ替えて、リボソームRNA遺伝子の安定性を人の手で自由に変更できるようにして実験をしました。すると、なんと細胞の寿命を長くしたり短くしたりして、自在に操ることができたのです。これら一連の実験から、非コードプロモーターE-proがリボソームRNA遺伝子の安定化を介して老化を遅らせており、その転写抑制にSir2が働いているということが分かったわけです。

この研究は現在も進行中です。酵母だけではなく、ヒトでも同様に細胞の老化を自在に制御できる可能性があるのです。この巨大な非コード領域リボソームRNA遺伝子は、ヒトを含んだ動物の細胞でも非常に保存性が高く、またSir2遺伝子も存在します。動物の細胞ではSir2遺伝子は「サーチュイン」と呼ばれています。外国のグループが最近、サーチュインを活性化する物質としてニコチンアミドモノヌクレオチド（NMN）を同定しました。そしてこれを老齢マウスに与えると、なんと筋力の低下や糖尿病などの老化症状が改善したというから驚きです。

もちろん、ヒトとマウスは寿命の長さもその死に至る原因もかなり異なるので、ヒトで同じNMNの効果が出るかどうかは分かりませんが、将来的には抗老化作用が期待される物質のひとつです。

4・5 がんの発症を抑える非コードDNA

遺伝子が不安定になる、つまり遺伝子が壊れてなくなったり、コピー数が増えたり減ったりするということは、作られるタンパク質の量がおかしくなるということです。これは、細胞の働きを乱す危険な現象で、通常は起こらないようになっています。しかし非コードDNA領域、とくにリボソームRNA遺伝子のように半分以上が転写されずに遺伝子として機能していないところは、多少不安定になってコピー数が変動しても、細胞の成育などにはまったく影響を与えません。ただ前節で述べたように、細胞の寿命だけが短縮します。

では、このリボソームRNA遺伝子の不安定性による老化誘導は、なにか意味があるのでしょうか。それとも単に不安定な領域なのでしょうか。もし単に不安定なだけなら、お騒がせな領域ということで、非コードDNA領域の存在価値を上げるものではありません。

そのことに関して酵母で行われた興味深い実験があります。通常酵母は約20回分裂して死んでしまいます。1回の分裂に約2時間を要するので、2日間の命です。ところが、Fob

１破壊株では前節の通り寿命が１・５倍に延長し、約30回分裂できるようになります。つまり、３日間生きるのです。これは前述のようにヒトにたとえると、80歳の平均寿命が１２０歳になるのに相当します。

そこで、酵母でこの増えた10回（1日に相当）分に何が起こるのか調べました。すると、必ずしも酵母は幸せに延命できているわけではない、ということが分かりました。細胞分裂のたびに徐々にゲノムに変異が蓄積していきますが、寿命が延びたためにさらに多くの変異が蓄積し、重要な遺伝子が異常になる細胞がたくさん現れたのです。これは、ヒトで言うところの「がん」のような状態です。

つまりこういうことです。本来は、リボソームＲＮＡ遺伝子のような不安定で、かつその不安定性がとくに細胞に害を及ぼさない非コードＤＮＡ領域が、どこよりも先に壊れ始めます。それが老化を誘導し、寿命を制限することで、異常細胞が出現する前に細胞を「殺して」いるのです。これは非コードＤＮＡ領域だからこそできる業です。

このことはヒトにたとえると、もっと分かりやすいかもしれません。日本人の平均寿命（２０１７年7月発表）は、男性80・９８歳、女性は87・１４歳で、男女ともに世界最長レベルです。１２０年前に行われた最初の調査では男性が42・８歳、女性が44・３歳だったので、約40年寿命が延びたことになります。すごいですね。

本題はここからですが、寿命が40～50歳程度であった明治、大正時代の死因を調べると、がんで亡くなる人は少数派でした。しかし現在はご存知のように死因のトップががんで、大雑把にいって70歳を過ぎると半分の人ががんを患い、そのうち半数近くががんで亡くなっています。がんは遺伝子の変異で引き起こされるため、寿命が延びたために増えたのです。認知症も同様に加齢が主な原因で引き起こされる病気で、85歳以上の4人に1人が患っています。「病気」と書きましたが、こう考えると、がんも認知症も病気というよりは「老化現象」、もっと言えば「ヒトの長寿命化の副産物」なのです。

余談になりますが、がんのような「ヒトの長寿命化の副産物」が増えたのは、非コードDNA領域が老化を誘導しなくなったからではありません。老化の誘導はちゃんと起こっています。

これまでは、というか進化の長い歴史の中では、老化して体が弱ってくると免疫系の衰えにより感染症にかかりやすくなるか、あるいは体の中でも老化しやすい血管系の衰えにより心不全や脳卒中で死んでいました。これが近年の公衆衛生や栄養状態の改善により、それまでのような死に方ができなくなり、ゲノムの劣化、つまりがんが起こるところまでたどり着けるくらい長生きになってしまったのです。この段階までくると、老化システムや免疫によるがんなどの異常細胞を排除する働きよりも、その異常細胞の発生のほうが上回ってしまうのです。

また、非コードDNAが直接病気を防ぐというわけではないのですが、その性質を活用して、新しい薬の開発も行われています。非コードDNA領域にはウイルスやトランスポゾンの残骸がたくさんあり、そこから非コードRNAが作られ、それらの発現を抑えています。これらの痕跡は、これまでの人類の進化の過程で外来の侵入者と戦ってきた歴史ということもできます。

そこで、非コードDNA領域の働きと同じようなアイデアで、分解されにくいマイクロRNAを作り、それを薬として投与することで、新規のウイルスの感染を防ぐことができるかもしれません。またウイルス感染以外でも、遺伝子の発現異常が原因で起こるような病気に対しては、その遺伝子の発現を抑える人工的なマイクロRNAを作って治療に用いることができるかもしれません。さらにがんやいくつかの病気では、非コードDNA領域からの特定のマイクロRNAの発現が変化していることが知られています。今後研究が進めば、非コードRNAのさらなる機能が解明され、病気等の予防、診断、治療に役立てられると思われます。乞うご期待です。

4・6 ゲノム編集技術がもたらす新しいゲノム観

非コードＤＮＡの研究が急速に進みはじめた理由のひとつは、ＤＮＡ配列の決定技術の進歩によるところが大きいです。とくに繰り返しが多い領域も、最近では配列が読めるようになり、今後ますますゲノムの情報量が増えてくるでしょう。加えて期待されるのは、ゲノム編集技術による非コードＤＮＡ領域の機能解析です。

タンパク質をコードしている遺伝子の場合は、少しでも配列が変化するとタンパク質ができなくなったり、機能が低下したり破壊されたりします。そのため、人工的に変異体を作りやすく、また突然変異により自然に変異体が現れることもあり、その観察から、壊れた遺伝子の本来の機能の予測が可能です。

これに対して非コードＤＮＡは遺伝子ではなく、また反復配列などの場合が多いので、多少配列が変化しても、機能としては何も変わらず、すぐには細胞に何の異常も出ない可能性が高くなります。そのため、特定の非コードＤＮＡ配列の役割を解析するのは難しいのです。

たとえば、複製を開始する配列は数万塩基対から数十万塩基対の長さがあります。非コードＤＮＡの場合、この領域をすべて削って初めて、その領域が何をしていたかが分かります。つまり複製の開始点の場合、その領域から複製が起こらなくなり、そこが複製開始点だったと分かるわけです。このような大規模な欠損は自然には起こりにくいので、大きな非コード領域の解析は困難でした。

しかし最近、「ゲノム編集技術」という新しい技術が登場し、ゲノムの人工的な改変が非常にやりやすくなりました。以前は、細菌、酵母、コケ、ニワトリ免疫前駆細胞などごく限られた生物種、細胞種でのみ単純なゲノム編集が可能でした。しかし現在では、配列の分かっている領域であれば、原則どんな生物種や細胞種のどんな領域でもより複雑な改変が可能です。

方法はわりと簡単です。一般的に用いられている、クリスパー・キャスナイン（CRISPR/Cas9）のシステムで説明しましょう。

まず、ガイドＲＮＡを発現する環状の小さなＤＮＡ（ベクター）を用意します。ガイドＲＮＡは標的配列（ターゲット配列）と結合する配列と、Cas9の働きに必要な配列を持っています。ターゲット配列を挿入するだけで完成するようにデザインされたベクターが、すでに市販されています。そこにゲノムの配列情報から得られた、壊したいターゲット配列（20塩基対）を合成して挿入します。

次に、Cas9を発現するベクターとガイドRNAベクターを細胞に導入します。ガイドRNAがターゲット配列に結合すると、そこにCas9が結合し図4・6のように2ヵ所（1本鎖、2本鎖）でDNAを切断します。切断された断片はRNAが取り除かれたのち、非相同末端結合により修復されますが、そのときに通常は周囲の配列が削られて修復されるために変異が入ります（図4・7左）。またガイドRNAを離れた2ヵ所で作製すると、修復されるときに、その間の配列をごっそりと取り除くこともできます。さらに切られた配列の両側の配列に、薬剤耐性遺伝子を挟んだDNAを同時に細胞に導入すると、薬剤耐性遺伝子が相同組換えにより、切断箇所と入れ替わりゲノム上に導入することができます（図4・7右）。これだと、ゲノム編集が起こった細胞を薬剤により選択することができます。

このゲノム編集技術を用いれば、たとえば反復配列や大きな領域を自由に取り除き、その細胞に与える影響を調べることができます。従来の遺伝子破壊の方法とクリスパー・キャスナインを用いた方法の最大の違いは、効率が格段に向上したことと、ベクターを取り除いて

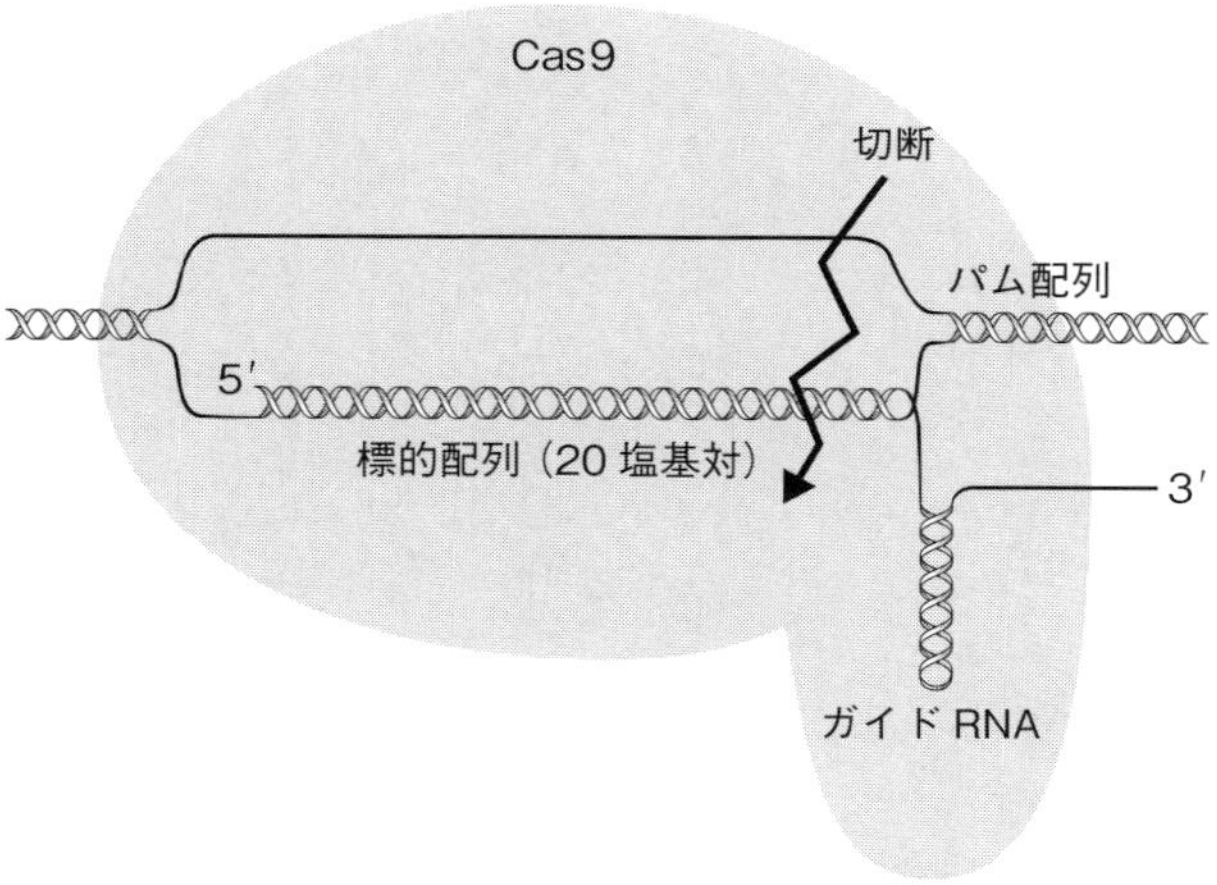

図 4.6　クリスパー・キャスナインによる標的配列の切断

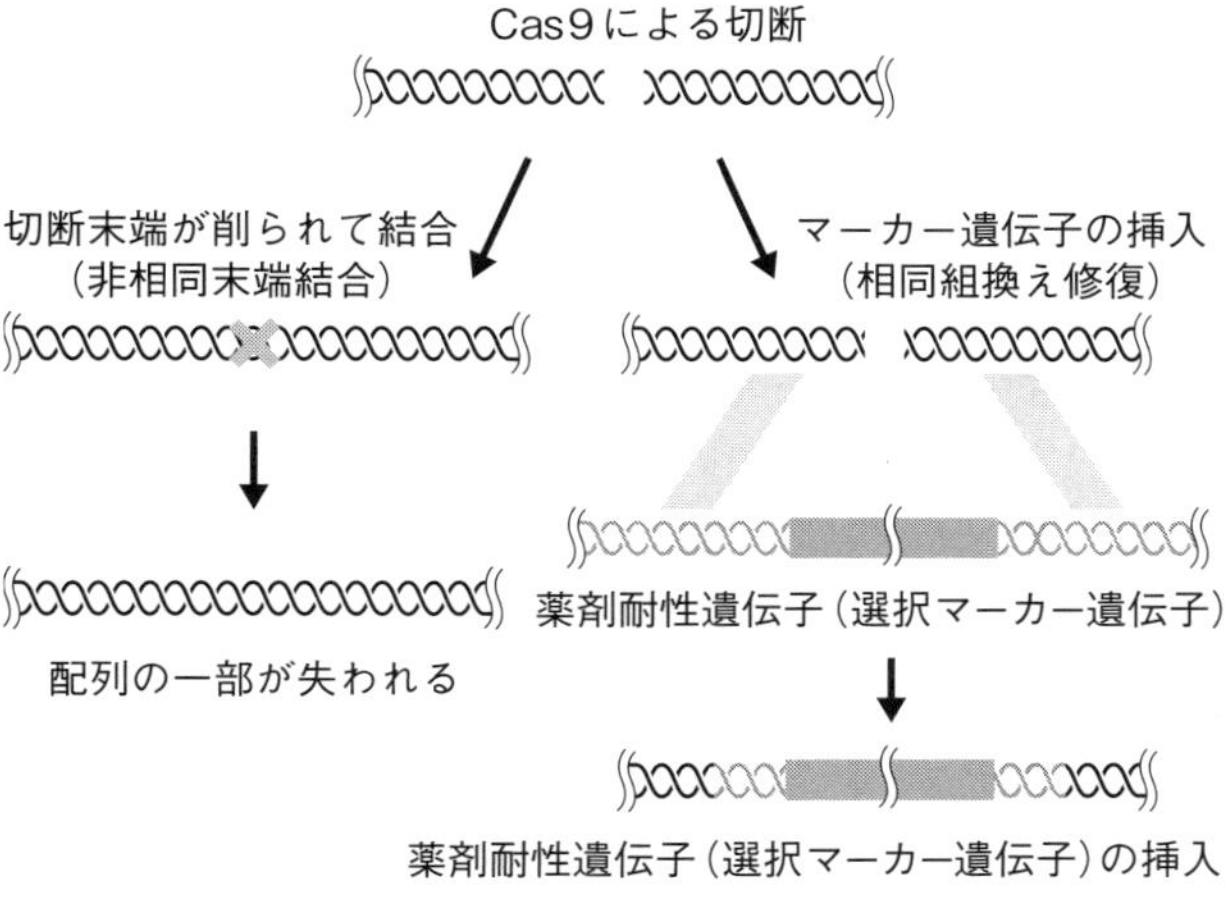

図 4.7　ゲノム編集の原理

しまえば、他生物由来の遺伝子を細胞内に残さずに、標的となった遺伝子だけを破壊することができることです。

2015年には、中国でヒト受精卵のクリスパー・キャスナインによるゲノム編集が行われました。この新技術は遺伝子治療などに大きな効果が期待される反面、人間のゲノムの操作も可能にしてしまうため、国際的な倫理規定の整備が急がれます。

4・7 非コードDNAのかたまり——Y染色体の運命

最大級の非コードDNA領域はリボソームRNA遺伝子だと説明しましたが、もうひとつ忘れてはならない非コードDNA領域があります。それがヒトで言うところのY染色体です。

Y染色体は、ご存知のようにヒトでは男性だけが持つ性染色体です。ヒトの染色体は23対46本ありますが、そのうちの1対は性染色体で、女性の性染色体はXX、男性はXYです。それ以外の染色体は大きい順に1番から番号が振ってあり、男女で差はありません。

Y染色体には未分化の生殖腺を精巣に分化させるSRY遺伝子があり、精巣ができるとそこから男性ホルモンが分泌され、体は男性になります。逆にＳＲＹ遺伝子がないＸＸ染色体では、そのまま女性になります。Ｘ染色体には生存に必須な遺伝子を含む１０００以上の遺伝子が存在しますが、Ｙ染色体にはＳＲＹ遺伝子など50～80個程度の遺伝子しか存在せず、遺伝子密度が低く、非コードＤＮＡ領域だらけなのです。そこで、このＹ染色体の今後の運命について考えてみましょう。

たびたびお話ししているように、非コードＤＮＡ領域は進化を加速します。実際に、Ｙ染色体の進化速度はＸ染色体や他の染色体に比べるとずっと速いのです。もともとは、ＸとＹは同じ染色体で、他の常染色体と同様に染色体間で相同組換え修復や遺伝子変換による情報の交換を行って、質の低下を防いでいたと考えられます。それが性の分化が起こり、その決定に働くようになったことで、おそらく非コード領域が活躍して一方の染色体の余分な部分をそぎ落としていったと考えられています。

実際に、Ｙ染色体の非コードＤＮＡ領域には、繰り返し配列などの組換えを引き起こすような配列がたくさん存在します。性の分化が起こり、Ｙ染色体になったときから、染色体のサイズも小さくなり、かろうじてＳＲＹ遺伝子などの少数の遺伝子が染色体の端っこのほうに残っているといった現状です。このＸ染色体と相同なわずかな部分で、減数分裂時にはＸ

染色体と対合も起こります。

こんな調子ですので、Y染色体の進化速度から計算した今後の運命予測では、500万年後にはY染色体は消滅するという説もあります。オーストラリアの女性研究者ジェニファー・グレイヴスが主張している仮説です。テレビの番組で彼女が、なぜか嬉しそうに「500万年後に男性は地球上からいなくなるのよ」と言っていたのが印象的でした。

いずれにせよ、Y染色体の運命としては悲観的な見方が多いようです。しかし生命の長い歴史の中では性がなかった時代もありましたし、現存する生き物にも雌雄同体や性が容易にチェンジする生き物、あるいはメスだけで構成されている生き物もいます。

たとえば日本の南西諸島に棲むトゲネズミの雄には、Y染色体はすでにありません。雄も雌もX染色体1本のみしか持っていないのです。しかし雄はしっかり雄の形態なので、精巣の形成に関わるSRY遺伝子に相当する遺伝子は、Y染色体が完全に消滅する前に別の染色体に移ったと推察されます。かくしてトゲネズミではX染色体は性決定と関係なくなり、もはや性染色体ではなくなってしまったわけです。

Y染色体がなくなると予想される500万年というのは、ゲノムが約1％変化するのに十分な時間です。ヒトとチンパンジーのゲノムの違いが約1％ということを考えれば、Y染色体消失以上のもっとショッキングな変化が人類に起こっていても不思議ではありません。あるいは人類が絶滅している可能性もゼロではないと思います。もちろん、著者も含めてこの世のだれもY染色体消失の現場に立ち会うことはないので、子孫に任せることにいたしましょう。

4・8 増え続ける非コードDNAは人類をどう変えるのか

さて本書もいよいよ最終節です。この世から男性が消えるという暗い話題で終わるのも後味が悪いので、最後は夢のある話でまとめたいと思います。

ヒトのゲノムの98％は非コードDNA領域に占められています。この98％が非コードDNA領域というのは、進化の過程で少しずつ増えてきた結果であり、今後も増え続けていくと予想されます。トランスポゾンのコピーアンドペースト型は確実にコピー数を増やしていき、外部からのウイルスがゲノムへ飛び込むこともあるでしょう。環境の変化に適応するために遺伝子が増幅し、その後、偽遺伝子となってその残骸も当然増えていきます。DNA合成酵素のエラーによる単純リピートの増加もつねに起こっています。

非コードDNA領域は進化を助ける働きがあるので、これが増えれば増えるほど、進化速度は加速すると思われます。増大したイントロンは脆弱部位となり、組換えを促し、新しい遺伝子の組み合わせを作ります。現存する生物では、ヒトもマウスもチンパンジーも、遺伝子の数や種類はよく似ていますが、非コードDNA領域は大きく異なります。非コードDNA領域の変化は、遺伝子の変化と異なり、その影響は劇的に表面に表れるわけではありませんが、確実に日々変化し、少しずつ私たちを進化の方向へと導いています。

さて、それでは今後私たち人類はどこへ向かっていくのでしょうか。地球の環境が劇的に変化しない、さらに疫病や戦争などで人口が激減しないと仮定すると、ゲノムの変化の方向性としては、ある程度予測可能です。つまりチンパンジーとヒトの共通の祖先からの変化の傾向が続くと仮定して、その延長線上でどうなっていくかという予測はある程度できるのです。

分かりやすいところでは、身長はどうでしょうか。ヒトの身長はこれまでは伸びてきました。これからも多少は伸びるでしょう。とくに脚が伸びるでしょう。頭、とくに知性を司る大脳皮質はこれまで大きくなってきました。これからもその傾向は続くでしょう。体毛は薄くなっていきます。鼻は高くなります。目は大きくなります。顎は小さくなるでしょう（図

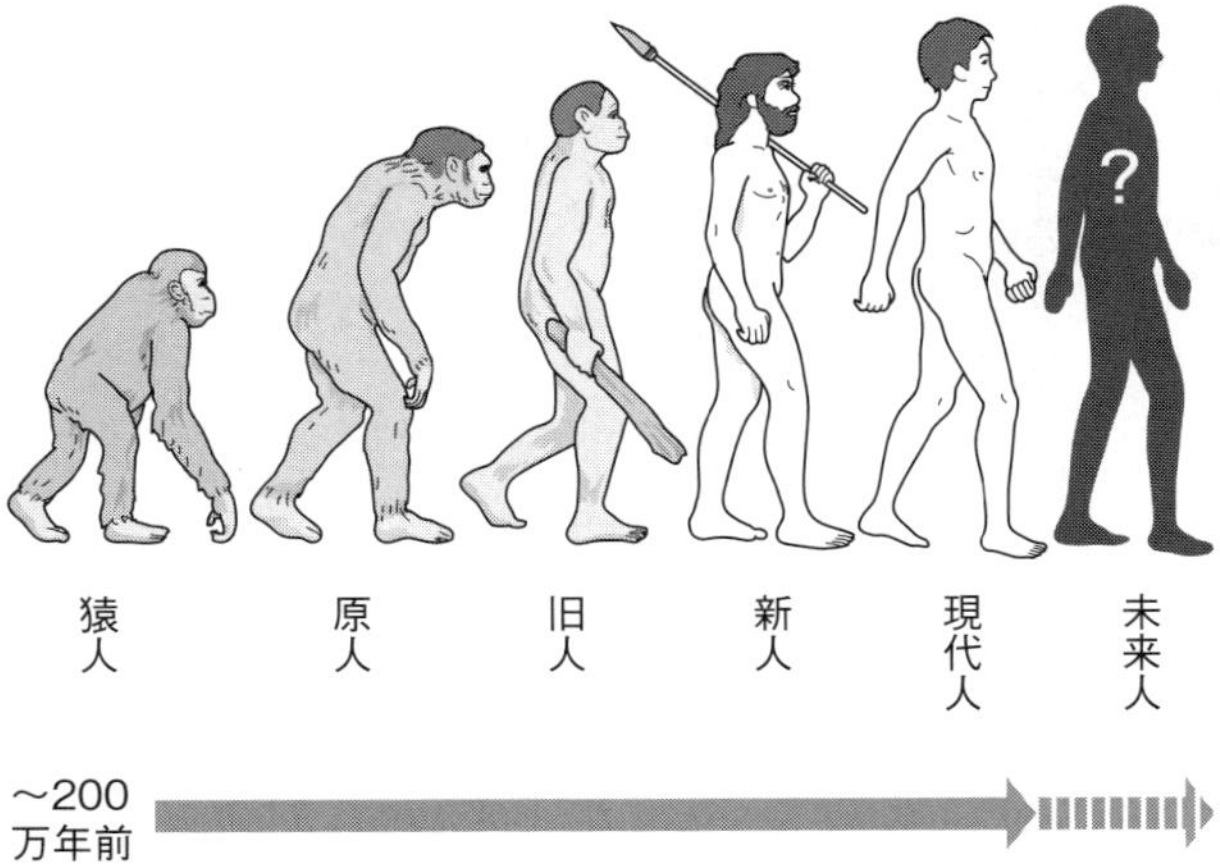

図 4.8　人類は今後どのように進化するのか？

4・8)。

ゲノムの解析を近縁種で行えば、さらにいろいろなことが遺伝子レベルで分かると思います。古代人のDNAが解析できれば、もっと精度の高い予測が可能になります。ただし、ゲノムの変化だけでは実際の進化は決まりません。その変化が生存、繁殖に有利となってはじめて進化として集団全体に定着するのです。姿、形、性質に関係するゲノムが変化しても、それが集団のなかで「選ばれ続けて」繁殖に有利にならないと、変化は止まってしまいます。簡単に言えば、ゲノムの変化が子孫を多く残すことができる特徴と結びつく必要があります。

一般的には、体のバランスが悪くなると生存にも生殖にも不利になるので、頭ばかりが大きくなったり、脚が異常に長くなったりすることはないでしょう。それらの性質は選択要因としては働かず、ほどほどで止まるはずです。これは分かりやすくてイメージもしやすいですね。しかし難しいのは体のバランスだけではなく、ヒトにはいろいろな選択要因があるということです。ヒトは集団で生活する社会的な生き物です。知性があり文明を築きます。ここが他の動物とは決定的に異なる点です。必ずしも身体能力が高くて、健康であることだけが、選択要因としては働かないのです。

図 4.9　極楽鳥の求愛ダンス　©PPS

ヒト以外で、その種特有の選択要因によりユニークな進化を遂げた例を最後に紹介します。オーストラリアやニューギニアに生息する極楽鳥のオスは、色鮮やかな羽を持っています（図４・９）。他の鳥でも、色鮮やかな羽を持つオスは珍しくはありません。これはメスに存在をアピールする選択要因として働いて、しかも模様の鮮やかさと何かしらの有利な繁殖能力がリンクしており、色鮮やかな羽のオスを選んでおけば、子孫の繁栄は安心だったのでしょう。

極楽鳥の場合は、長年の選択の結果、羽毛の鮮やかさも極限に達し、加えてダンスを踊るという選択要因まで加わってしまいました。羽を広げたり振ったりしながら、自分の美しさをさらにアピールするのです。私たちが見ると滑稽としか思えませんが、極楽鳥のメスからすると「うっとり」ものなのでしょう。そして重要なことは、美しさとダンスのうまさが繁殖能力とリンクしていることです。だから踊りに魅了されたメスは、繁殖行動へと進むのです。こうして、羽が綺麗で踊りが上手なオスの子孫が増えて、そちらの方向へと進化が突き進みます。

ヒトの話に戻ります。つまりゲノムが変化する方向が分かっており、ヒトの形質が変化しても、未来の社会がどのようになっていて、どのような形質が選択され、つまり「もてる」か、そしてそれが繁殖につながっているのか、によって進化の方向性が決まります。

文明は日々進歩しているので、未来には現在は存在しない新たな選択要因が登場するかもしれません。かつては狩りをするための身体能力や、環境の変化にも耐える丈夫な体が重要だったと考えられます。一方、現在の大きな選択要因は、それよりも経済力ということかもしれません。しかし、これも経済的にある程度豊かな国の話です。地球規模で見た場合には、経済的に豊かといえない国のほうが人口を増やしており、そのような国では経済力は大きな選択要因ではないかもしれません。

当然のことですが、社会によって価値観が異なるように、どのようなヒトが「もて」て遺伝子を多く残せるかは、社会によって異なります。先進国ではたとえば、最近目覚ましい進歩を遂げている人工知能（ＡＩ）が社会の形を変えるかもしれません。これまではヒトは「賢い」ことが生存に有利に働き、そのように進化してきましたが、今後は人工知能が人の代わりに考えてくれるとすると、それを使いこなせれば、本人が考える必要がなくなるわけです。人間関係も、情報化（ＩＴ）社会がますます進むと、コンピュータだけ見ておけば必要な情報はすべて得られ、学校の先生も、友人もいらなくなるかもしれません。そうなると、喋ったり笑ったりといった他人と感情の「共感」を持つような能力は、もはや選択要因ではなくなるかもしれません。

気づいた方もいると思いますが、変化はすでに始まっています。ただ、それらの先進国的な選択要因は必ずしも繁殖能力とリンクしているようには思えません。つまり「もてる」ということと、子どもを増やすということが必ずしもつながっていないのです。これはさまざまな価値観を持った人類の宿命でもあります。実際に先進国では、食べ物も豊富でいろいろ「豊か」であるにもかかわらず、子どもの数は急速に減っています。

一方、途上国では、人口増加にともなう食料不足がつねに問題となっています。こちらは、天候や伝染病、紛争などの従来型の選択要因が依然存在し、今後も現況が急激には変化しないと思われます。しかし人口は現在も増えているので、先進国に比べて生物種としての繁栄は今後も期待できるでしょう。

ヒトを作る設計図はゲノムです。そのゲノムは非コードＤＮＡ領域によって変化していきます。そして実際にどのようなヒトが生き残って進化を遂げるかは、人間の場合、社会のあり方によって決まるのです。

私たち自身の人生の長さより、子、孫の世代までの長い時間で社会を捉え、現状のあり方について考えることが、今後の人類の方向性を決めるうえで重要なのです。

おわりに

生物学は多様性を理解しようとする学問です。

ゲノムの解読が可能になり、その配列の意味を理解することが、多様性を研究する上で最も重要な課題となってきました。そして現在はコード領域から非コード領域へと、研究者の関心が移り始めています。

コードDNA領域、つまり遺伝子は私たちの体を作る設計図です。これまではこの「遺伝子」を中心に研究がされてきました。遺伝子の変化は、細胞に異常をもたらす可能性が高いです。つまり、コードDNA領域の情報はおいそれとは変わってもらっては困る必須情報なのです。

それに対して、非コードDNA領域は多少変わっても即座に大きな問題を生じないかもしれません。別の言い方をすれば、コードDNA領域が突然大きく変わらないように、非コードDNA領域がクッションとなり、自身が変化することでしのいでいると言ってもいいかもしれません。このクッションがどれだけ柔軟に変化に耐えうるかが、私たち人類がどれだけタフに環境の変化に耐えうるかを決める重要な要素となります。非コードDNA領域はコード領域を守りつつも、少しずつ変化しコード領域に影響を与えて進化を促します。すなわち非コードDNA領域は人類の行く末を決める重要な領域なのです。

非コードDNA領域の研究は、まだ始まったばかりです。今後も研究を重ねて、より具体的な非コードDNAによるゲノムのコントロールのメカニズム、そしてそこから予想される人類の未来像を描いていきたいと考えています。実際の数万年、数十万年後の人類の姿、かたちがどうなったかの確認は、私たちの子孫に委ねることにいたしましょう。

本書をまとめるにあたり、著者が代表を務めた文部科学省科学研究費補助金（新学術領域研究）「ゲノムを支える非コードDNA領域の機能」の班員の皆様に感謝します。班員の最新の研究成果もいくつか紹介させていただきました。

また本書では日本遺伝学会が提案する新しい遺伝学に関する用語も使用しました。遺伝学はメンデルから数えると、150年前から存在する古い学問です。そのため昔のままの訳がそのまま用いられている場合があります。ヒトのゲノムが解読されて個性が配列の多様性として理解される時代に突入しましたので、用語もそれなりに現代風に変えたほうが、これから勉強する人にとっては好都合でしょう。代表例が、遺伝子の「優性、劣性」ですね。これはおよそ100年前から使われています。実際には優劣と関係ないので、顕性（表面に現れるという意味）、潜性（顕性と一緒になったときに表面に現れないで潜んでいるという意味）に変えたほうが、誤解がないでしょう。

またこれは言葉の改訂ではなく、考え方の転換の提案ですが、第3章にも書いたように、色覚異常という捉え方よりも「色覚多様性」と捉えたほうが、学習する側の若い学生、生徒にとってはより想像力を掻き立てられると思います。これらの用語あるいは考え方の提案は、今後自分自身のゲノム情報に向きあう機会が多くなっていく時代の流れの中で、偏見や誤解を取り除き、科学的な正しい認識を持つために重要だと考えています。新用語は高校の教科書等でも使っていただけるように、普及活動に励みたいと考えています。

最後に本書の企画のお話をいただいてから3年弱、辛抱強く、原稿が完成するのを待っていただきました講談社の篠木和久編集長に感謝します。

皆様にこの場を借りてお礼申しあげます。

参考図書

小林武彦著『寿命はなぜ決まっているのか——長生き遺伝子のヒミツ』岩波ジュニア新書、岩波書店　2016年2月
小林武彦編『ゲノムを司るインターメア——非コードＤＮＡの新たな展開』化学同人　2015年11月
文部科学省科学研究費補助金（新学術領域研究）「ゲノムを支える非コードＤＮＡ領域の機能」（代表　小林武彦）平成23年度〜平成27年度　研究成果報告書　2017年3月
ハートウェルら著『Genetics: from genes to genomes』3rd ed. McGraw-Hill Co. Inc.
日本遺伝学会監修・編　遺伝学用語集『遺伝単——遺伝学用語集　対訳付き』エヌ・ティー・エス　2017年9月

メンデルの遺伝の法則　14
モーガン，トーマス・ハント　18
森喜朗　38

〈や行〉

薬剤耐性遺伝子　182
山中４因子　84
山中伸弥　84
ユークロマチン　61
優性　13
優性の法則　13
有袋類　124
ヨザル（夜猿）　144
読み枠　157

〈ら・わ行〉

ライン　45
ラギング鎖合成　87
リーディング鎖合成　87
リジン　61
リボース　28
リボソーム　27, 40, 146
リボソームRNA　147
リボソームRNA遺伝子　93, 146, 168
リボソームタンパク質　147
リボソームプロファイリング　158
リン酸　23
リンパ球　100, 162
リンパ細胞　163
霊長類　144
劣性　15
レトロトランスポゾン　43
連鎖　18
老化現象　178
ロシュ分子生物学研究所　37
ワイン　57
ワトソン　23

ノックアウト 34

〈は行〉

肺炎双球菌 20
胚性幹細胞 73
胚盤胞 73
配列解析装置 50
ハウスキーピング遺伝子 148
バクテリオファージ 27
発現 27, 76
バッタ 17
パリンドローム構造 133
ビーグル号 128
ピウイRNA 121
光回復機構 166
非コードDNA 5
非コードDNA領域 5, 42, 56
非コードRNA 119, 179
非コードプロモーター 153, 173
微小管 98
ヒストン 59
ヒストン８量体 59
ヒストン脱アセチル化作用 67
ヒストンテール 61
非相同末端結合修復 167
ヒトゲノム 34
ヒトゲノム計画 35
ヒトゲノムプロジェクト 113
標的配列 181
フィンチ 129
フォブワン 173
複製 81, 84
複製開始タンパク質複合体 85
複製開始点 84
複製開始配列 85
複製阻害タンパク質 173
複製阻害配列 150
プライマー 47
プライマーゼ 85
フランクリン，ロザリンド 24
ブルーダー 138
ブレア首相 38
プロモーター 34, 76
分化 75
分子生物学 26
分離の法則 15
分裂酵母 99
ベクター 181
ヘテロクロマチン 62
ヘテロクロマチン化 43
ヘテロクロマチン化酵素 65
ペプチド 157
変異 33
胞子 65
ホットスポット 127
ホメオティック変異 78
ホメオボックス 78
ポリペプチド 32
翻訳 40

〈ま行〉

マイクロRNA 179
マイクロサテライト 45
マウス 73
三毛猫 71
短い散在性反復配列 43
メチル化 61
メッセンジャーRNA 27
免疫機構 162
免疫グロブリン 100
メンデル，グレゴール・ヨハン 13

繊毛虫　105
早期老化症　171
相同組換え　135
相同染色体　18, 68
増幅組換え　95

〈た行〉

ダーウィン，チャールズ　128
ターゲッティング　34
ターゲット配列　181
第一世代シーケンサー　50
大核　105
ダイサー　120
体細胞　83
体節　78
大腸菌　27, 148
胎盤　123
対立遺伝子　13, 70, 71
脱アセチル化　67
単孔類　124
単細胞生物　57
単数体　65
タンパク質　20, 39, 157
タンパク質分解酵素　22
チップアッセイ　93
地動説　17
チミン　23, 85
チミン2量体　166
チミンダイマー　166
中心教義　28
調節領域　34
直鼻猿類　144
チンパンジー　111
デオキシリボース　23
デオキシリボ核酸　22
適者生存　129
テトラヒメナ　105
テロメア　89
テロメア合成酵素　92
テロメアリピート　89
テロメラーゼ　90
転移RNA　30
転移因子　43
電気泳動　47
転写　40
転写因子　75, 111
転写開始領域　34
転写調節　111
天動説　17
動原体　98
糖尿病　131
特異性　101
独立の法則　15
トゲネズミ　186
突然変異　78
利根川進　102
トポイソメラーゼ　135
ドメイン　78
トランスポゼース　63
トランスポゾン　43, 63, 117

〈な行〉

長い散在性反復配列　45
ニコチンアミドモノヌクレオチド　175
二重らせん構造　23
日本遺伝学会　13, 143
ニワトリ　162
認知症　178
ヌクレオソーム　59
ヌクレオチド　24, 47
ヌクレオチド除去修復機構　167

コードDNA 42
コード領域 56
古賀章彦 146
極楽鳥 191
枯草菌 148
コドン 30
コヒーシン 76, 80, 96
ゴリラ 112
コンデンシン 93, 96

〈さ行〉

サーチュイン 175
細胞周期 32
細胞老化 90, 171
細胞老化のリボソームRNA遺伝子（rDNA）仮説 174
サイン 43, 122
雑種第1代 13
雑種第2代 15
サットン，ウォルター 17
サブセントロメア 99
サブテロメア 115
サル 111
サンガー法 46
酸化グアニン 164
色覚 140
色覚異常 143
色覚多様性 143
視細胞 140
自食作用 111
次世代シーケンサー 51
自然選択 129
シトシン 23, 85
姉妹染色分体 93
ジャンク 110
重鎖 101
終止コドン 32
修飾 59
修飾ヌクレオチド 47
出芽酵母 65, 92, 147, 170
『種の起源』 128
シュムー 105
小核 105
娘細胞 92
ショウジョウバエ 18
常染色体 70
小分子RNA 161
上流 76
ショットガン法 49
真猿類 144
真核生物 57
進化論 128
真獣類 124
水素結合 24
錐体細胞 140
スニップ 130
スプライシング 40, 80
スリップ現象 95
スリッページ 45
脆弱X症候群 95
生殖核 107
性染色体 68, 113
接合型 65
接合型変換領域 66
染色体 17, 34, 56
染色体ブリッジ 93
潜性 13
選択的スプライシング 81, 125
線虫 156
セントラルドグマ 28
セントロメア 98
センプエー 99

ウイルス 147
ウィルムット 83
エキソン 40
エクソン 40, 80
エピジェネティクス 118
塩基 23
塩基除去修復機構 166
塩基配列 34, 40
エンドウ 13
エンハンサー 34, 77
エンハンサー結合タンパク質 77
オーク 85
大隅良典 111
オートファジー 111
岡崎恒子 87
岡崎フラグメント 89
岡崎令治 89
岡田典弘 122
オプシン 140
オランウータン 112

〈か行〉

ガードン，ジョン 82
ガイドRNA 181
核 17
核移植実験 82
活性酸素 164
ガラパゴス諸島 129
下流 158
ガリレイ，ガリレオ 17
がん 178
幹細胞 90
桿体細胞 140
偽遺伝子 103, 160
逆転写酵素 43, 45
キャピラリー 50
凝縮 92
曲鼻猿類 144
グアニン 23, 85, 164
クリスパー・キャスナイン 181
クリスマスツリー構造 169
クリック 23
グリフィス 20
グリフィスとアベリーの実験 20
グリフィスの実験 22
クリントン，ビル 38
グレイヴス，ジェニファー 186
クローン 84
クローン技術 84
クローン生物 84
グロブリン遺伝子 101
クロマチン構造 59
クロマチン免疫沈降法 93
クロマチンリモデリング 77
クロマチンリモデリング因子 75
軽鎖 101
形質転換 22
血液型 71
ゲノム 34, 81
ゲノム編集技術 180
減数分裂 65
顕性 13
顕性の法則 13
抗体 101
抗体遺伝子 162
抗体産生細胞 162
酵母 57
酵母菌 32, 148
コード 40

ORF 157
OwlRep 146
O遺伝子 71
o遺伝子 71
PEG10 123
piRNA 121
rDNA 93
RNA 28
RNA合成酵素 29, 77
RNAプライマー 87, 89
RNAポリメラーゼ 77
RNAポリメラーゼⅢ 45
RNAワールド仮説 147
R型菌 20
Satb2 123
short interspersed element 43
SINE 43, 122
single nucleotide polymorphism 129
Sir2 67, 173
Sir3 67
Sir4 67
Sir複合体 67
slippage 45
SNP 129
SRY遺伝子 70, 184
Sushi－ichi 124
S遺伝子 140
S型菌 20
S期 33, 85
T 23, 85
tRNA 30
tRNA遺伝子 67
V遺伝子 104
Xist 119
X染色体 68, 113, 185
X染色体の不活化 70
Y染色体 70, 113, 184
α株 65
αサテライト 99
αファクター 105

〈あ行〉

アセチル化 61
アデニン 23, 85
アデノシン三リン酸 96
アベリー 20
アベリーの実験 23
アミノ酸 29
アルコール発酵 57
アルゴノート 120
アレル 13, 70, 71
アンテナペディア変異 78
イープロ 173
鋳型DNA 47
石野知子 123
石野史敏 123
一塩基多型 130
遺伝 12
遺伝学 12
遺伝子 17, 34, 39
遺伝子座 72
遺伝子再編成 103
遺伝子増幅 133
遺伝子変換 66, 163
遺伝物質 15
イモリ 82
インシュリン 131
インスレーター 78
インターメア 110, 160
イントロン 40, 80, 125
インプリント遺伝子 118

索引

〈数字・アルファベット〉

１型糖尿病 131
１倍体 65
２型糖尿病 131
21番染色体 38
２倍体 65
２本鎖RNA切断酵素 120
35S rDNA 150
8-オキソグアニン 164
A 23, 85
AmnSINE1 123
ATP 96
a株 65
aファクター 105
B細胞 102, 163
B細胞前駆細胞 104
C. elegans 156
C 23, 85
Cas9 181
CEMP-A 99
chromosome 34
CNV 139
copy number variation 139
CRISPER/Cas9 181
CTCF 76, 80
DNA 22
DNAグリコシラーゼ 165
DNA結合領域 78
DNA合成期 85
DNA合成酵素 47, 85
DNA切断酵素 45
DNA-タンパク質複合体 59
DNA配列決定 46
DNAプライマー 47
DNA分解酵素 22
DNAヘリカーゼ 85
DNAポリメラーゼ 85
D遺伝子 104
E-pro 153, 173
ES細胞 75
F1 13
F2 15
FMR1遺伝子 95
Fob1 173
G 23, 85, 164
gene 34
genome 34
HOX遺伝子群 78
HP1 62
H鎖 101
iPS細胞 84
J遺伝子 104
LINE 45
long interspersed element 45
L遺伝子 140
L鎖 101
MAT領域 66, 104
mRNA 27, 40, 147
mRNA前駆体 40
MYH16 114
M遺伝子 140
NMN 175
N末端 61
open reading frame 157
Orc 85

N.D.C.460　206p　18cm

ブルーバックス　B-2034

DNAの98%は謎《なぞ》
生命の鍵を握る「非コードDNA」とは何か

2017年10月20日　第1刷発行
2022年 1 月27日　第8刷発行

著者　小林武彦《こばやしたけひこ》
発行者　鈴木章一
発行所　株式会社講談社
〒112-8001　東京都文京区音羽2-12-21
電話　出版　03-5395-3524
販売　03-5395-4415
業務　03-5395-3615
印刷所　（本文印刷）株式会社新藤慶昌堂
（カバー表紙印刷）信毎書籍印刷株式会社
製本所　株式会社国宝社

定価はカバーに表示してあります。

ISBN978－4－06－502034－0

発刊のことば

科学をあなたのポケットに

二十世紀最大の特色は、それが科学時代であるということです。科学は日に日に進歩を続け、止まるところを知りません。ひと昔前の夢物語もどんどん現実化しており、今やわれわれの生活のすべてが、科学によってゆり動かされているといっても過言ではないでしょう。

そのような背景を考えれば、学者や学生はもちろん、産業人も、セールスマンも、ジャーナリストも、家庭の主婦も、みんなが科学を知らなければ、時代の流れに逆らうことになるでしょう。

ブルーバックス発刊の意義と必然性はそこにあります。このシリーズは、読む人に科学的に物を考える習慣と、科学的に物を見る目を養っていただくことを最大の目標にしています。そのためには、単に原理や法則の解説に終始するのではなくて、政治や経済など、社会科学や人文科学にも関連させて、広い視野から問題を追究していきます。科学はむずかしいという先入観を改める表現と構成、それも類書にないブルーバックスの特色であると信じます。

一九六三年九月　野間省一